他人不是标准，自己掌握节奏
成功不是击败对方，而是不断地超越自我
你最大的敌人，是从前的你自己

吴小芳◎著

不去与他人相比 努力超越自己

国家一级出版社 中国纺织出版社 全国百佳图书出版单位

内 容 提 要

因为被比较而感到焦虑，因为焦虑而质疑自己的能力，因为质疑自己的能力而导致人生的失败，这是一个恶性循环，却也是人们经常会遇见的无可奈何。由此，本书通过十二个章节，七十个小节，共计十二万余字的阐述，来帮助我们每个人都能够认清自我，清楚自我在社会中定位，明白人生在世的真正意义。不是每个人都能够改变世界，但是如果能够改变我们看待世界的角度，一切就都会变得不再一样。同样，人生在世，我们大可不必强求自己非去与人相比较，只要能够做好自己，不断超越自己，我们就是自我生活中的最大赢家。

图书在版编目（CIP）数据

不去与他人相比，努力超越自己 / 吴小芳著. —北京：中国纺织出版社，2019.5（2019.7 重印）
ISBN 978-7-5180-5958-4

Ⅰ.①不… Ⅱ.①吴… Ⅲ.①成功心理—通俗读物 Ⅳ.①B848.4-49

中国版本图书馆CIP数据核字（2019）第028671号

责任编辑：闫　星　　特约编辑：王佳新　　责任印制：储志伟

中国纺织出版社出版发行
地址：北京市朝阳区百子湾东里A407号楼　邮政编码：100124
销售电话：010-67004422　传真：010-87155801
http：//www.c-textilep.com
E-mail：faxing@c-textilep.com
中国纺织出版社天猫旗舰店
官方微博http：//weibo.com/2119887771
三河市宏盛印务有限公司印刷　各地新华书店经销
2019年5月第1版　2019年7月第3次印刷
开本：710×1000　1/16　印张：13
字数：167千字　定价：39.80元

前言

生活中，我们经常会有这样的经历：总是无缘无故地感到焦虑，总是活在被比较的环境里。不论在人生的哪个阶段，总是能听到来自父母或者亲朋拿你跟别人比较的话语。这是我们人生过程中的无可奈何。然而，仔细思索，你就不难发现：那些常常让我们在生活中受到干扰，感到不安的，其实，从来都不是我们自己，而是别人的生活、别人的模式。我们似乎只生活在别人的口中，似乎只有别人口中的我们很优秀，我们貌似才是真的很优秀，别人口中的我们很糟糕，我们好像就一定很糟糕。这是真实并正确的吗？其实你我都知道，并不是这样。

可以说，在这个世界上，没有人是不会羡慕任何人的。没钱的总是羡慕着有钱的，小士兵总是羡慕着大将军，丑女总是羡慕着美女，残疾人总是羡慕着健康人，生活平淡的总是羡慕轰轰烈烈的，普通素人总是羡慕着大明星……我们总是羡慕着别人身上某些我们没有的东西，这似乎是我们人类的共性，无一例外，不可避免。但是，我们每个人都不应该忽略这一点：别人拥有的可能是你梦寐以求而得不到的，然而你具备的也许也正是别人羡慕却望尘莫及的。就像年幼时的我们羡慕父母的成熟稳重，而父母或许也会怀念我们的无忧无虑。事实上，我们每个人都有着令人羡慕的东西，也有着令自己缺憾的东西，没有一个人能够真正拥有全世界。正如卞之琳所说的：你站在桥上看风景，看风景的人在楼上看你，明月装饰了你的窗子，你却装饰了别人的梦。因此，与其羡慕别人，其实不如学会欣赏我们自己。即便是失败的经历，肤浅的想法，无奈的伤感，甚至是悲痛的追悔与悄无声息的平凡。当你蓦然回首的时候，你会发现这一切都会变成我们永久的人生积淀和生命印记，美好而真挚，深切而感人。

其实，我们本就生活在一个五彩缤纷而又丰富多彩的生活中。我们每个人都有着与众不同的生活与经历，作为个体，我们只是选择了其中的一种生活方式而已。然而，既然我们已经作出了选择，就认认真真地走好脚下的每一步。芸芸众生，作为人类社会中普通且平凡的一员，我们不过是极其渺小的存在。对于他人的成功，我们可以欣赏，却不必羡慕。欣赏他人可以让我们积蓄大量的时间、精力和智慧去学习他人所长，营造属于我们自己的人生。通过欣赏他人，我们既可以取长补短，获得事业上的成功，更可以通过欣赏美的眼睛感受到世界的美好与生活的愉悦。欣赏他人就是不羡慕、不嫉妒，就是让我们学会洒脱，放下诸多的不甘心。毕竟，面对他人的优秀，我们能够给予真诚的祝福，同时，对我们自己也充满了必胜的信心，这才是我们作为三观正直的成人应该拥有的最优美姿态。

当我们学会不去羡慕别人，而是过好自己的生活的时候，你才会发现，你的生活变得悠然平静且从容不迫。既然是一支蔷薇，就不要强求自己变成一朵玫瑰；是一只麻雀，就不要强求自己成为鸿鹄。不管我们的生活中面对多少的赞扬与诋毁，我们都应该时刻牢记自我的价值与能力。自我的价值几何，能力多少，完全取决于我们用什么样的眼光来看待自己。只要我们足够努力，能够令自我的内心获得满足，我们就是成功并值得骄傲的。就像卢梭曾经说过的："我不是卓越的，但我是自我独立的个体，是与众不同的存在。"那么，这就够了。

不去羡慕别人，你才能找到真正属于你自己的生活；不去羡慕别人，你才能完成真正属于你的事业；不去羡慕别人，你才能达到你自己的目标，实现属于你个人的梦想。因此，让我们学会从现在开始，从这一刻起，从当下出发，不去与人相比，只看超越自己。亲爱的读者朋友，愿读完此书的你能够看到自己身上最美的风景，当你在茶前饭后，睡前晨起拿起此书的时候，能够帮你在淡淡的哲思中获得些许人生的感悟和真知，这会是我们能够感受到的最大安慰。愿我们每一个人都能够通过此书正视自己，学会不去仰望，学会不去与人相比，只看超越自己。

编著者

2018年5月

目录

第01章

想成功先战胜自己，每个人最大的对手都是自己

尽管并不是每一个人都愿意承认，但却也无可否认的是，成功的确会是绝大多数人或许穷极一生都想要追求的事情。不同的人生有着不一样的挑战与机遇，因此通往成功的道路实在不可一概而论。但是，有一点却是我们所有人都必须承认的：不管是谁，想要获得成功就必须要先战胜自己。因为我们每个人最大的敌人其实都是我们自己。身处在同样的环境之中，有人选择改变自己，有人选择改变环境，而有人却选择更换目标，成为更好的自己。曾经的我们都以为是生活造就了不同的我们，后来才发现，其实生活的真谛全在于我们个人不同的选择结果而已。

与其抱怨，不如开始改变

都说：靠天靠地，不如依靠自己。自己的道路自己走，自己的人生自己奋斗，只有为自己奋斗，人生才有可能真的成功。这是每个人都能明白的道理，却不是每个人都能真正理解的道理。而很多依靠自己努力的人之所以没能成功，都是因为花费了太多的时间在抱怨上，而没有开始改变。

有一个男孩生来就很不幸：他不光出生在一个贫困的普通家庭，家中一贫如洗，经济条件有限。更糟糕的是，他的父母也并不是一对好父母。从小到大给与他的只有暴力和冷漠，没有关爱与包容，而最直接的后果就是年幼的他总是鼻青脸肿，皮开肉绽。最终，年仅13岁的他终于下定决心选择了流落街头。流浪的生活并不容易，男孩虽然躲过了父母的拳脚相加，却也多了很多未知的恐惧与不安。由于年幼没有求生技能，他经常饥一顿饱一顿，每天生活的日常就是思考要怎样才能填饱肚子不被饿死。但是，世界是冷漠的，没有人愿意白白向他伸出援助之手。于是，男孩在怨愤与抱怨中一天天长大。

曾经，他以为自己的一生也就这样了。直到有一天，他在街上看到一个美丽的姑娘，他第一次有了想要和一个人组建一个幸福快乐的家庭，拥有几个孩子的念头与冲动。他想要追求却又自愧没有任何的资格。最终，他幡然醒悟："如果往后的每一天我还是跟现在一样在抱怨中度过，我只会同现在这样甚至比现在还要糟糕，那我有了小孩以后，岂不是同我的父母一样糟糕？"于是，他决定要有所行动，不再抱怨并不能改变的过去，而是一定要靠自己的努力获得成功。但是，自己又能做些什么呢？男孩努力想着，却始终没有思考清楚。

然而，尽管不清楚，他却从未停止过思考。在偶然有机会看了一次电影以后，他便决心去当演员，因为他认为演员只要依靠自己的努力就一定可以有所作为。于是，他决定立刻行动，将流浪的地点换到了好莱坞，他每天都找各路导演，找制片人，找一切有可能能够让他成为演员的人，不放弃任何可能的机会。然而，命运之神并没有因为男孩努力的决心就开始网开一面，男孩的相貌并不算出众，也没有特别的技能。因此，一开始到处寻找机会的男孩只能四处碰壁，一直被拒绝。

但是，他还是告诉自己："除了成功，我别无选择。失败又能怎样呢？反正我之前的人生也没有好到什么地步。"就这样，男孩一直安慰自己，鼓励自己一定可以成为好莱坞的明星。面对无数次的被拒绝和失败，依旧选择顽强地重新开始。男孩也有过灰心丧气的时候，但每当想到自己的童年生活以及对自己子女未来的想象时，男孩就告诉自己一定不要放弃，不管多么艰难，也一定要重新开始。最终，男孩想到既然暂时做不了演员，不如自己开始写剧本吧。这样不但能想办法维持自己的生计，还有可能跟更多的导演和编剧合作，说不定以后会有想不到的机会呢？

就这样，男孩选择一边打工，一边深入生活编写剧本。剧本每写完一稿，他就兴冲冲地送给导演品读并要求导演能够让他成为男主角。遗憾的是，这条道路同样充满了艰辛。有的导演看了剧本以后就立刻还给了他；有的导演觉得剧本还行，但是却不可能让他成为男主角；还有的导演连看都不想看，就直接将他轰出门去……然而，男孩下定决心一定不能就此放弃，不管多难都要坚持下去。最终，有一个曾经拒绝过他多次的导演被他的坚持所感动，愿意给他一次当主演的机会尝试一下。男孩欣喜若狂并精心准备，在拍摄过程中吃尽了苦头却从不喊苦喊累，最终的结果总算获得了导演的认可。也正是由于在这次表演中的认真敬业，让更多的人认识了男孩，男孩也由此获得了一次次更多的机会。再后来，经过不断努力和尝试，男孩终于圆了自己年幼时的梦想，成为了好莱坞的大明星。而他就是曾经红极一时，在很多世界影迷心中都是英雄般存在的电影演员——史泰龙。

在实现人生理想的路上，总是有很多人在仅仅遭遇了两三次的碰壁之后就放弃了继续努力的信念与坚持。而从史泰龙的身上，我们就可见他们为什么不成功了。我想，如果我们都能够像史泰龙这样正确对待自己，毫不懈怠地相信自己。面对生活中的挫折与不如意，经过短暂的调整以后，立刻停止抱怨并积极改变，那么，我们离成功还会远吗？我并不否认人生总是有很多让我们心生抱怨的时刻，这些时刻通常会让我们苦痛不堪。但是，请你记住，与其将自己所有的时间都花费在抱怨身上，不如将这些时间利用起来，做出积极有效的改变，长此以往，不光你的心态会有所改变，你所遇见的让你心存抱怨的事件也只会越来越少。而当我们成功将这些抱怨踩在自己脚下的时候，我们的人生必定会是另一番与众不同的模样。

做独特的你，展示真实的自我

不知你是否有过这样的经历：觉得别人很优秀，于是挖空心思去模仿，想尽办法去模仿那个对象的一言一行，最终却发现，你终究不是他，即便能够模仿到相近的外形，却总是感觉仍然缺少了什么。最终，你自己真正想要的并没有成功获得，反而徒增了不少的烦恼。而想要从烦恼中解放出来，重新获得平静及舒畅的内心，解脱的方式还是因为做回了自己。正如著名的儿童教育学家安杰若·帕多里曾经说过的："最可悲的人莫过于舍弃了自己的肉体和精神而想成为其他的人或动物。"

有一位电车司机的女儿名叫凯特，凯特有一个美好的梦想，就是成为一名歌手。但是很不幸的是，凯特的容貌并不是很突出，甚至可以说是有点难看——她有一张大于常人的嘴和一口凸出的龅牙。这使得凯特从小就很自卑，总是下意识地用手或者尽量少笑来掩饰自身的缺点。有一次，她得到了一个梦想已久的登台表演的机会——在纽泽西的耐多俱乐部里面登台献唱！里面的观众多达上千人，可以说是一次能够展现自我的非常好的机会。凯特的内心非常激动，她在家不断地演练想要达到最棒的效果。但是不管怎么演练，凯特总是觉得自己的容貌缺点无法克服。

带着恐慌的不自信，凯特怀着忐忑的心情登上了舞台。表演过程当中，凯特都是尽可能的让自己保持她所认为最为美貌的状态。每当需要张开嘴唱高音的时候，凯特总是用上唇刻意地将凸出的龅牙遮挡住。结果却失去了音准，原本打算一鸣惊人的效果没有达到，反而闹出了不少的笑话，凯特一下子又陷入了无尽的烦恼之中。

幸运的是，当晚在耐多俱乐部的表演当中，有一位男士看了凯特的表演之后，认为她非常的有实力，只是因为太在意自己的容貌而有所失误。而这位男士正是著名的歌手公司的星探，他联系到了凯特，表示愿意给凯特重新再来一次的机会，希望凯特能够抓住这次表演的机会，展示真实的自己。彩排过程当中，男士看到凯特仍然在极力掩饰着自己的龅牙，这使得她整个人的面部表情极度的不自然。男士立刻叫停凯特，直截了当地对她说道："作为一名歌手，最为重要的就是你的歌喉。如果你为了掩饰自己的容貌而降低了自己歌唱的水准，这难道不是捡了芝麻丢了西瓜吗？况且，只要歌声动听，龅牙与大嘴也可以是你的独特记忆点啊，你不试一下，怎么会知道观众是否喜欢这样真实的你呢？"

凯特听了男子的话语之后，下定决心试验一次。于是，再次登上舞台表演的时候，凯特完全忽视掉了自己的容貌缺陷，忘情地在舞台上歌唱，果真受到了观众的喜爱，从此以后离自己的梦想更近了一步。此后，还出现了专门模仿凯特"特色"的喜剧演员。

或许很多时候，我们都跟故事中的凯特一样，因为自身这样那样的缺点而不自信，做任何事情的时候都想要去掩饰。但是，你要明白，其实我们每个人都是这世上独一无二的个体。自盘古开天辟地以来，以至遥远的未来，都不会出现一个完全和你相同的人类。著名的科学家威廉姆曾经说过：“在人类的个体才能之中，普通人只能发挥其潜在能力的10%，而这10%是针对无法发挥自我的人说的。和我们原本该有的实力比较起来，大约就是超过一半正在沉睡的状态。我们所发挥出来的，不论是肉体上还是精神上的，都只是本身资源的极小部分而已。一般来说，大多数人都活于这种自限中。人们虽然都拥有种种能力，却总是没有将它们全部发挥出来的决心。”所以，你要相信，其实我们每个人作为这宇宙中独一无二的存在，都拥有着自己独有的独特能力与魅力。因此，我们无须因为自己和他人的不同而悲观。我们要相信自己始终都是这世界上唯一的独立的个体。

这世上没有任何人能够改变你，而只有你自己才能够改变。同时，也没有任何人能够取代你，也只有你自己才能够真正打败你自己。这其中，心态是我们命运的控制塔，悲观消极的失败心态往往是失败、疾病与痛苦的源流，而积极乐观的心态才是成功、健康与快乐的保证。而如果我们想要成为更好的自己，将自己从烦恼中解放出来，培养平静以及舒畅的心情，我们就要明白展示真实自我的重要性以及必要性。有时候，展示自我而毫不忌讳别人的目光的确会是一件很艰难的事情，但是一旦你有了开始，一旦你尝到了迈出第一步的成功与喜悦，你一定会享受到以前想象不到的幸福感。因此，不要惧怕展示真实自我的道路会有多漫长，只要开始就坚持下去，最终你一定会拥有一个不一样的完美人生。

经历过艰难，才能变得更优秀

都说，温室里的花朵永远都长不大，因为温室里的花朵没有经历过自然的风雨，一旦脱离了温室这个保护层，便没有了任何自我的保护能力。其实，人生也是一样，只有经历过一定的艰难困苦，有了相应的克服经验，我们才能够变得更加优秀，拥有更加美好的人生。人生路上的艰难困苦是我们每个人都不愿意面对和接受的，却是我们每个人都不得不去面对的。不论是拥有多少的物质财富还是拥有多么崇高的权势地位，任何人的人生都不会是一帆风顺的。身为平凡世界中的凡夫俗子，只要是处于人际交往的关系网之中，我们或多或少总是会遇到这样那样的艰难困阻。

遭遇到生活中的艰难苦阻并不可怕，需要注意的是面对艰难时，我们需要持有的正确心态。遇到困难时，如果一味的悲观消极，挑选容易的倒退之路，结果只会是陷入失败的深渊。而只有保持积极向上的良好心态，用积极的意念鼓励自己，想尽办法不断向前，我们才能获得成功。只有经历过足够多的艰难之后，我们才会明白：命运就如同一只冷若冰霜的雄狮，从来不会因为你的软弱而去对你有所施舍。而只有当你发奋努力，征服他以后，他才会听命于你。

在经济大危机的时候，里斯和妻子先后都失了业，一家人的生活顿时都陷入到了困境之中。但是生活还是得继续，为了能够继续生存下去，里斯和妻子每天都出去不断地奔波，想要尽快重新找到满意的工作。然而，尽管他们白天很努力，晚上回到家之后，依旧只能是望着彼此摇头，不停地叹气。

里斯的父亲已经年迈，现在更是卧病在床。他曾经是举世闻名的拳击冠军，如今整个国家都陷入了经济危机，即便是他也无能为力。于是，父亲每天看着里斯跟妻子愁眉苦脸地进进出出却没有丝毫的进展，他终于忍受不住，将里斯叫到了床前，对他说了自己年轻时候夺冠的一次经历。

在一次拳击冠军争夺赛中，他遇到了生平最为强劲的一个对手，对方的身形比自己高大很多，因此自己一直无法对其进行有效的反击，反而差点被对方击倒，连牙齿都被打掉了一颗。渐渐地，他的内心开始焦躁起来，出现了更多的失误。休息的时候，教练看出了他情绪的波动，鼓励他说："忍住，你一定能够打到第12局！"听了教练的鼓励，他迅速调整了自己的情绪，不断地对自己说："我不用怕，我可以应付！"于是，再次上场之后，虽然自己一直没有有效的反攻机会，但是他也没有给对手打倒他的任何机会。他总是跌倒了就爬起来，爬起来以后又被对手打倒，就这样循环，一直坚持到了第12局。

而就在第12局的最后十几秒钟，可能是前期力气消耗得太多，他觉察到对方的手开始发颤了。于是，他抓住这个最好的反攻机会，倾尽全力给了对手一个反击，只见对手应声倒地，他也终于获得了拳击生涯中的第一枚冠军奖牌。

父亲此刻的病痛很严重，因为仅仅只是谈话间，里斯也看到父亲额头上已经布满了汗珠。里斯心疼得让父亲不要再说话，父亲却笑了，他紧握住里斯的双手，吃力地笑着说道："没关系，我应付得了。"里斯此刻终于明白了父亲的苦心，含着泪向父亲保证道："您放心，我们也一定能够应付过去。"

从此以后，尽管家里还是一样的困顿，但是里斯不再愁眉苦脸。白天，他和妻子一起出去努力找工作，晚上就回到家中，快乐地陪伴家人。因为非常努力地跑了很多地方，里斯和妻子最终也终于找到了满意的工作。很快，一家人又恢复了以往的宁静与幸福。

自此以后，每当家中有亲人遇到困难的时候，里斯总会想起父亲说过的这段话。他会不断地告诉自己："这次，我们也一定应付得了。"命运就是这样，越是坚信自己可以应付，最终一切也真的就应付过去了。

很多时候你会发现，其实我们都跟故事中的里斯一样。人生其实并没有过不去的艰难坎坷。只是很多时候，好的命运都需要我们自己去创造和改变。当改变不了生活的现状的时候，我们可以改变自己的心态：只有经历过生活中的苦难以后，我们才会有足够的经验与阅历，将我们剩下的人生过的更加美好。因此，请你相信，人生必定是一场修行。当我们面对人生中的艰难困境时保持乐观、自信、良好的心态，不论是面对巨浪滔天的困境，还是面对生活中磨人不已的小麻烦，我们都应该随时赋予自己改变命运的力量与勇气，不断告诉自己："我一定能够应付得来。"只有这样，我们才能够最终收获到真正令我们满意的人生。而当我们坚信"生活中的苦难只会使我们更加优秀"的美好信念以后，你会发现，生活中这些所谓的艰难困苦便会越来越少。艰难困境会在不知不觉中慢慢远离，往后的生活，无需我们自己多加矫正，生活自然会回归到风和日丽的宁静之中。

请你相信，学会依靠自己，不断坚定克服困难的勇气与希望，你会走出人生中的所有艰难时刻。就好比走出人生的低谷，摆在你面前的只会是一片湛蓝的天。而经历过生活中的艰难，你只会变得比以前更加优秀！

遇见最美的自己

曾经我们都听说过这样的段子：每到新年初始，我总会在2018年许下2017年制定的2016年想要完成的2015年遗憾的2014年未完成的计划。段子不排除幽默的成分，却仿佛是我们许多普通人现实生活中的真实写照。寒来暑往，一年年的时间总是在不经意间就匆匆而过。我们总是在年初的时候觉得来日方长，许多的计划安排会有大把的时间去仔细筹谋规划，包括改掉我们身上许多令自己并不满意的行为习惯。我们总是习惯了说以后。殊不知，时间总是不知不觉间就晃荡到了年末，而这时，我们才如梦初醒般地发现原来过去的这一年时间里面，我们想要做的事情都没能认认真真地完成几件，原先计划中的大多数事情其实都只是在我们的脑海中走马观花般放了场电影，却从未落实到具体的行动上。明日复明日，明日何其多？其实很多时候，只要开始了就坚持下去，最终总会形成一种水滴石穿的力量。或许，成为更好的自己需要我们更加努力，需要我们花费更多的时间去学习，去不断地提升自己。努力之后你会发现，人生中有了新的目标与努力之后，原本紧张又忙碌的生活里反而会让人感受到一种向上勃发的能量，它就像是一束光，能够投射进我们的内心，那些潜伏了许久的激情，那些甚至连我们自己都未曾发现的潜能种子，都能够借助这束光亮温暖苏醒。最终，如涓涓细流，浇灌出一朵朵美丽的生命之花。

詹姆斯·艾伦曾经在《思想的力量》中写下过这样一段话："一个人如果改变对事与人的看法，事与人就会对他发生改变。如果一个人的想法有激烈的改变，他会惊讶地发现生活中，自己的状况也有急速的变化。每个人的内心中都有一份神奇的力量，那就是自我，所有的人都是自己思想的产物。人只有提升了自己的思想才能上进并完成某些事情，而拒绝提升思想的人只能停留在悲惨的深渊中。"没错，人生的平安喜乐，从来都不是因为我们身在何处，在哪里玩，正在玩什么项目。也不是因为我们是否有着高于常人的社会地位，而是皆由我们的心境决定。很多时候，我们之所以感受到了无尽的烦恼，说到底，皆是因为我们无法控制好自己的心境与思想。或许这样的说法未免太过片面与主观，但是，当你遇见很多你无法改变的所谓的不公与现实的时候，你会发现，改变自己的心境是让自己获得快乐的最快方法。而只有心境平和了，我们才能够享受到生活中你未曾发现的一切美好，才有机会遇见最美的自己。

遇见最美的自己，我们可以选择做最棒的自己，将每天的生活都过成自己最想要的样子。最棒的自己一定拥有最棒的作息。人生的确需要规矩，但是人生也可以偶尔放纵。当我们每天都吃水果蔬菜这些所谓健康食品的时候，偶尔想要吃一些路边摊的串串与烧烤，那就尽情地去吃吧。我们的人生不需要将自己绑得那么紧，偶尔的小小放纵会让我们更加的平易近人。

选择做最棒的自己，将每天的生活都过成自己最想要的样子。最棒的自己一定拥有最棒的外表，当你懒散邋遢的时候，请不要将这种状态形成常态。告诉自己：爱美应该是我们一生的追求，不论是多大年纪，拥有多少物质财富，漂亮得体的外观都是我们面对世界的第一个最为直接的表达。所以，趁着我们还未年老，趁着我们的背还能挺直，腿还能走得动。出门的时候不要懒散，穿上美丽的服饰，将我们自己打扮成最美的样子，去看最美的风景，遇见最棒的别人，留下自己最美的纪念。

选择做最棒的自己，将每天的生活都过成自己最想要的样子。最棒的自己一定拥有最棒的心态，遇到任何不愉快的事情时，请偶尔傻一点。该忘记的事情就选择忘记，该粗心的就心大一点，该弄不清楚的事情就不要锱铢必较，该过去的事情就让它及时地过去吧。亲爱的宝贝，人生在世总会遇到很多的不如意，总会遇到或多或少的小阴暗。如果只会记不会忘，只会计算不会估摸，只会明察秋毫不会不见舆薪，只会精明强悍不会丢三落四，我们的人生该少了多少的乐趣，徒增多少的烦恼呢？当被人误解不想争辩的时候，那就选择沉默吧。生活中并不是所有的是非都可以说清楚，甚至有时候可能根本没有真正的是与非。不想说话的时候就不说吧，在多说无益的时候，也许沉默反而是最好的解释。保持我们内心的真正安宁，面对任何意外与突发事件时都可以坦然应对，这样的人生才是属于自己的最棒人生。

人体全身的细胞每隔七年的时间就会全部重新翻新过一遍。因此，时光交错间，我们其实都已是全新的自己。而只有成长才是我们人生唯一的希望，只有不断地投资自己的人，才懂得成长，才能够早日遇见最美的自己。

如何生活取决于你的选择

有一位十五六岁的少年住在一栋七层楼的顶楼，住宅楼里有电梯，但是少年却喜欢爬楼梯。他每天都无视其他人诧异的目光，坚持爬楼梯回家。每上一层楼梯，他都选择改用不同的步法：或是三步并作两步向上跑；或是悠悠然地模仿电影中的慢镜头；或是侧着身子只用一条腿，一级一级地往上跳；或是干脆背转身体向后探步……爬楼梯在许多人眼中是普通单调的，在少年眼中却是活泼多彩的。而这一切的原因，只是因为选择不同。

人生就像是一条有着无限多出口的长路。走在人生的路上，每一个当口，我们都是在不停地做选择。有人喜欢平淡，安慰自己平淡的幸福才是真；有人喜欢浓烈，认为人生在世，轰轰烈烈一场才算是不枉此生。这一切都没有对错，只是不同的选择而已。请你相信，如何生活，过怎样的生活，完全取决于我们自己的选择。选择了懒惰，也就选择了平凡普通。而选择了积极向上不断奔跑，才有机会选择更好的人生。

曾经听朋友说过这么一个故事：他家附近住着一个邻居，暂且称为A吧。A在体制内工作，每天的生活都很安定。A这个人为人和善，也很热情，并且多才多艺，似乎什么都会，可以说得上几近完美。但就是A这么完美的一个人却在体制内几十年如一日地做着一个小公务员的事情，这么多年都没有获得晋升，实在是令人费解。

某次，朋友跟A攀谈起来，问及他至今没有获得晋升的原因。只听A感慨地说道："当初我刚刚到单位工作，便想着一定要以最快的速度获得晋升。但是我觉得靠自己慢慢努力工作才能得到上司的器重实在是太辛苦。我听说领导喜欢文学，就决定学写诗，学写文章，希望能通过这种方式增加和领导的共同话题。没想到我刚刚学出一点成绩出来，上面却又指派了一个爱好科学的领导过来。于是，我又急急忙忙地开始钻研科学。不曾想，我虽然跟这个领导有共同话题，但是他却嫌弃我是北方人，太粗犷，于是也没有重用我。现在又换了另一个领导过来，但是我的年纪已经大了，早已经过了晋升的年龄线。所以，我这辈子想要在单位获得晋升是没有指望了。出去别的单位找工作吧，我也没有什么技能。"最终，A痛哭流涕，但是也于事无补了。

可见，看情况选择并没有错，但没有自我的选择却是对自己的不负责任。生活从来都是自己的，没有自我的生活是苦不堪言的，就正如没有自我的人生是索然无味的，而丧失了自我的选择更是悲哀的。请你记住：我们自己才是各自生活的主角。我们的生活应该是为了充实自己，而不是为了迎合别人的看法。我们每个人都应该坚持走为自己开辟的道路，而不应该因为别人的观点就轻易地改变自己的选择。生活是我们自己的，别人的观点有可能影响到我们一时的心情，却不能成为我们一辈子选择的依据。

人生从来就没有重新再来一次的机会，因为这世上并不存在时光机。就像是很多电影中的人们拼尽全力回去只是为了改变某一个不满意的结果，最终却发现蝴蝶效应总是不期而至，命运总是百转千回般仿佛一切又回到了原点，你始终得不到那个最想要的完美的结果。因此，既然选择了就不要后悔，更不要总是回忆着想当初，每一个已经做好的选择，做好的决定本身其实并没有真正的好与坏，只要我们将自己的人生看成是自己独一无二的创作，将我们的选择坚持到底，最终都会品尝到不同程度的甘甜与美味。而你需要做的，首先就是拒绝频频回首，人生最可怕的事情往往不是已经做了什么选择，而是已经做了一个选择却频频懊悔如果当时自己做了一个不一样的选择会怎样。

亲爱的宝贝，不要因为别人的观点而左右自己的选择，更不要在做出了选择之后频频后悔与懊恼。就像歌德说过的那样："我们每个人都应该坚持走为自己开辟的道路，不被流言所吓倒，不受他人的观点所牵制。"要想拥有美好的生活，我们必须学会选择自立自强并为之不断地努力奋斗。

第02章

向着目标前行，不必左顾右盼，超越自己就好

当人生看不到任何前进方向的时候，我们首先需要活下来并提高自己。而当有了目标方向之后，我们要做的就是拼尽全力。你所处的世界永远都是你内心的反射，你相信什么样的世界，就会拥有什么样的人生。当我们弄明白自我的所长，摆正清楚自己的位置，制定好自己可以为之奋斗的目标之后，不要犹豫，更不要左顾右盼，低下头一门心思向着目标前进，每天进步一点点，超越自己就是最棒的。

你的世界，由你内心而来

当你内心充满善意与微笑，世界也会对你微笑。不信你看，有三个人走过一片相同的荆棘丛，荆棘丛中还有一些鲜花。有人问这三个人同样的问题："刚刚那片荆棘丛中有什么呀？"第一个人说：荆棘丛中有许多带刺的花，虽然充满危险却因为鲜花的存在而值得冒险。第二个人说：荆棘丛中什么都没有，到处都是刺，最好不要走进去。第三个人却说：里面本来只是一片普通的荆棘丛，却因为有了花而更美丽，是一段非常不错的体验！明明是面对同样的荆棘丛，三个人因为有着不同的内心，展现的精神世界也不尽相同。人生其实就像是一杯白开水，如何品尝，全看个人；人生也像是一面镜子，你对他微笑，他也回报你微笑；人生更像是一盏茶，浓烈平淡，都看你内心的品味。

很多时候，我们都会思考生活的真谛到底是什么？是简单还是复杂？其实对于不同的人而言，没有标准答案。私以为，生活远比我们想的要复杂，却也更比我们想的要简单，因为各人不同的世界都由我们不同的内心组成。

宇宙很大，有限的生命却很短。人生在世，我们每个人其实都像是困在笼中的小鸟，每个人都有着自己固化的思维与空间。在这限定的空间里，面对着笼外无穷无尽的世界，有的人选择浑浑噩噩地度过一生而不自知；有的人尽管有所发现，却最终还是没有改变的勇气而选择妥协；有些人勇敢执着，发现被限定之后选择反抗，最终走出包围圈，打开新世界。种种不同的人生结果，都只是因为我们的心中有着不同的世界。这个世界可大可小、可丰富多彩也可一成不变，变化的时间、地点以及频率全都看你自己，只要你想，你可以随时改变。很多时候，我们都能听到有人在抱怨自己的生活太辛苦，抱怨自己想要改变却又无法实施的无奈，其实，扪心自问：事实果真如此吗？当你想要改变的时候，真的有拼尽全力吗？当你遇到困难的时候，有换个角度重新思考吗？当你一直心存抱怨的时候，有想过转变一下你的心态吗？

从前有一位老婆婆，大家都叫她“哭婆婆”。因为不论何时何地，总是能感觉到她的悲伤。于是，有人关切地问她：“老婆婆，你为什么总是愁容满面呀？”老婆婆看着关心她的人，叹了一口气，说道：“我有两个女儿，一个女儿卖伞，另一个女儿卖鞋。每当天气好的时候，我就想到买伞的人就会变少，那我女儿的生意就不好了。”“这样啊，那总会有下雨天的呀，下雨的时候，人们总会需要买伞的呀，而且，天气好的时候，人们才会开心买新鞋呀。”路人宽慰道。“对呀，天气好的时候，没人买伞，天气不好的时候，没人买鞋，所以，我才替我两个女儿的生意担心难过呀。”老婆婆哭诉道。“既然这样，您为什么不转变一下思想呢？”路人说道，“天气下雨的时候，买鞋的人是会变少，但是买伞的人就会变多呀。天气好的时候，买伞的人们少了，买鞋的却变多啦，这样，你两个女儿的生意都很有希望呀。”老婆婆恍然大悟，哈哈大笑起来。从此，“哭婆婆”变成了“笑婆婆”。

其实，上述的故事很简单，说明的道理却很真实：很多时候，面对相同的情况，只要换个角度思考，可能就会产生截然相反的两个结果。因此，面对相同的人生境况，不同的内心就会产生不同的结果，最终形成不同的人生。人生对我们每个人来说其实都是一样的充满挑战，命运对每一个人都是公平的，它从不会只偏爱某一个幸运儿。长远来说，苦难是我们人生阶段的必修课，而面对相同的苦难，不同的内心会产生不同的结果，最终形成不同的世界。面对艰难困阻，我们只有用积极乐观的心态对待，大事化小，小事化无，最终才能品尝到人生的甜美。

得空之余与其抬头仰望天空强悲叹，不如低下头去看清自己脚下的路，认真思索自我的本质所在。很多时候，人生就像是一杯茶，虽不会苦一辈子，却总会苦一阵子。面对人生路上这一小段的挫折苦难，你有什么样的内心就会有什么样的结果，产生什么样的人生。因此，面对生活中的小小困顿，选择以微笑应对；面对生活中不尽如人意的人与事，选择以宽容相待；面对生命中有利却难以坚持的各种挑战，选择克服和忍耐，终有一日，生活中的处处芬芳会让你相信：曾经的选择没有错，曾经的坚持没有白付出，曾经咬牙坚持的善良与向上最终真的可以开出美丽的人生之花。

尽情过属于自己的生活

总是在经历很多之后，才能够明白：生活，本来就不是一件容易的事情，“苦难”或许才是生活最真实的样子。生活中的我们总是会有很多丧气的时候：业绩上不去时，梦想被现实击碎的时候，又或者是银行卡余额不足以来场说走就走的旅行的时候……然而，越长大便越明白：即便令你讨厌的事情越来越多，我们再也不会像年轻时那样，轻易就有放弃的念头。因为，经历越多，我们便越明白：抱怨终究解决不了任何问题。那么，不如干脆收起所有的委屈和愤怒，学会跟自己和解，跟生活和解。借着经历积攒与困难抗争的勇气，将生活过成我们自己想要的模样，放肆过属于我们自己的生活。

忘记了是在什么时候，我们早已在不知不觉中练就了这样的本事，拥有了这种能力：就算日子再艰难，眼前的困难有多大，遇到的事情再复杂，我们的内心似乎都不会再有波动，至少没有任何的负面情绪，更不会轻易就说放弃。毕竟，生活这么讨厌，总是阴晴不定，令人烦忧，而我，并不想变得跟它一样。

曾经有人说：每个人其实都有属于自己的一片森林，也许我们从来都不曾进去过，但是它的确就在那里，一直不变。或许时代在变，我们的生活方式一直在变，但它却在那里，从未改变。而终有一日，就在那里面，迷失的人迷失了，相逢的人会再相逢。就像我们的生活，其实一直都是由“遇见”和“错过”所组成。我们总是会不断地遇见一些新的朋友，也会不停地和一些旧友说再见。从陌生到熟悉，再从熟悉回到陌生；从臭味相投到分道扬镳，再从相见恨晚到再也不见，我们总是经历着相同的循环，重复着类似的生活轨迹。起初，与旧友分别的你或许会很悲伤，很不舍，然而，后来你发现：生命长河中，人来人往不过是习以为常。于是你开始明白：离开的其实都是风景，而留下的才是真正属于你的人生。因此，珍惜你当下所有的朋友，珍惜你生活中停留下的一切，只有这些，才是真正属于你自己的，也只有珍惜好这些，才是真正过上了属于你自己的人生。

生活在当今这种物质极其丰富的现代社会，似乎，我们从不缺少幸福和快乐。快乐似乎充满了我们的生活，走进商场里，到处都是欢乐的歌曲、拥挤的人群、喧闹的气氛，这一切似乎都在向我们证明，快乐得来的毫不费力。然而，当我们真正俯下身来寻找的时候，却发现，散落满地的原来是一个个困惑着我们的难题和始终无法突破的障碍。于是，有人告诉我们，人生就是在逆境中寻找突破，追求理想和快乐。面对障碍，我们需要的就是百折不挠的意志和冲破逆境的勇气。诚然如此，我们还是要忍不住地发问：生活为什么总是不如意？是我自己的错吗？

其实，生活其实很奇怪。它就像是一杯洒在地上的水，原本是统一的清澈透明，却因为遇见了不同的地面，最终融成了万千世界。有的地面原本就是泥土，不论撒上多少的水，总是很快就被吸收干净，除了现场一片深色湿润的泥巴，什么都不会留下；而有的地面通过加入新鲜的元素，本身早已不是泥巴那么简单，杯水的到来只是为它镀上了一层能够反光的外衣，令它更加美丽；更不要说早已进化成大理石的地面，本身已足够精彩，杯水的到来不但不会改变它的任何，反而只会让它光彩夺目。因而，无论我们落在大地的哪个角落，我们的人生其实本质都是一样——我们生活的全部都在自己和“泥土”中间。

虽然很多时候，我们也无法分清自己到底是什么样的土地，杯水来临之后，会有什么样的效果或后果，又或者，当杯水来临的时候，是我们融入了杯水，还是杯水加入了我们？或许没有人知道答案。一旦我们尝试着去探究、挖掘，疑惑、茫然、烦恼、压抑总是不期而至，将我们团团围住，难以摆脱，甚至越挣扎，越痛苦。但是，你要知道，这一切并不是这个世界的全部。所有看似充满你生活的纠结的一切或许都不是那么重要，很多时候，真理的背后并不是只能是谬论，而有可能是一个更为深刻的真理。只是这真理太过高深，以至于当前的我们无法理解。

因此，不必过多纠结已经过去的人生和生活。放眼现在，过去的已经改变不了，而未来却充满了无限可能。即便现在正在发生的可能充满了过去的羁绊，但只有从现在开始，无惧羁绊，勇敢活，放肆过，将自己的生活真正刻上自己的标识，未来才有可能真的能够属于你自己。然后你会发现，改变一旦有了一个小的开始，生活就会翻天覆地，改头换面。

走出逆境，你需要战胜自我

当人生已经惨败到一无所有的时候，还有什么是我们害怕失去的呢？我们又为何不选择背水一战呢？霍金的故事，我们应该众所周知。

这位近代最伟大的科学家之一，在年仅21岁的时候就不幸患上了会使肌肉萎缩的卢伽雷氏症，全身动弹不得，只剩两根能够活动的手指，连最基本的生活自理能力都已经丧失。患病之后的霍金余生只能在轮椅上度过，用仅剩的两根能活动的手指使用语音合成器与人们对话，别无选择。然而面对如此逆境，霍金并没有就此被打倒，反而在轮椅上写出了伟大著作《时间简史》。我想，不论是谁，遇到这种程度的逆境，都会是毁灭性的打击。或许霍金也曾悲伤至极，但他终归选择了做回生命的强者。而霍金之所以能够从逆境中奋起，不光是因为他有着与死神搏斗的勇气，还有转变思维，重新换个角度思考的乐观心态。虽然身体不能活动，却节省了大把的时间用于钻研自己喜爱的天文科学。人生百态，不论生前是怎样的地位阶层，最终的结果终归是殊途同归。只是这过程中，换了一种与大多数人并不相同的生活方式而已。

逆境总是听着可怕，其实却很普通。因为人生实苦，众生皆难。从来没有完美的人生，也就不可能存在着没有任何逆境的完美世界。面对人生不如意之事十之八九这一客观事实，我们实在不必如此悲伤。逆境虽然不可避免，但是随着我们年龄的增长和经验的丰富，你会发现你能称为逆境的情况会越来越少，许多的逆境不过是因为经验的缺失和未经历世事的自我禁锢而已。人生中的顺境固然令人高兴，使人愉悦，而逆境却可以更好地使人成长。因为只有经历过逆风锻炼的雄鹰，才可以飞得更高。球王贝利在喜得贵子的时候，有记者祝贺道："你看你的儿子长得这么壮实，以后必定会子承父业，成为像你一样的球王！"然而贝利却说："狮子要是不饿的话，是不会出去捕猎的。我儿子不太可能会成为一名优秀的球星，因为他现在就很富有，不需要为了生存而努力，而我能成为球王是因为我小时候家境很贫穷，我必须要努力踢球才能吃饱，这就是差别。”没错，不论是现实还是历史中的人物，但凡家境贫穷者，为了追逐梦想，努力奋斗，最终都能取得成功。而他们的后代，因为有父辈留下的先天巨资，生活在温室中，竟难再有能像父辈一般功成名就，名垂千古之人。因此，毫不夸张地说，逆境，是强者的学校，是强者的摇篮。

或许你会说，顺境就不能造就人才了？诚然，顺境与逆境都可以造就人才，但就事实相较而言，处在逆境中，我们更容易体会到人生的千姿百态，更能磨炼人的意志，让你明白许多更好的生活方式，最终成为强者。我们无法预知逆境中的很多磨难，只有让自己学会更加坚强。面对磨难，承受能力弱的人，往往会因为压力过重而中途放弃，最终败在成才的路上。而经受住这些磨难的强者却因此变得更强，走得更远。因此，面对逆境，要学会转变自我的心态，很多时候，之所以过不去人生中的那道坎，实际都是过不去自己心中的那个魔。就像平静的湖面，练不出骁勇的水手，也正如舒适的环境，造不出时代的伟人。人生正是列别捷夫贺拉斯曾经说过的那样：“苦难显才华，好运隐天资。”很多时候，只要转变心态，坚信人生多逆境，但逆境总是能被战胜的。最终，人生路上小阶段内的磨难，咬紧牙关坚持一下，过去的也就真的过去了。

很多时候，人生中逆境的出现无关别人，只在自我。“二战”结束后，英国王室空军曾经进行了一项军事上的统计，为了更好地研究部队战斗机存在的不足与缺陷，他们决定通过统计在战争中失事的战斗机和牺牲的飞行员以及飞机失事的原因及地点来做出相关分析。最终的结果却令所有人大吃一惊，飞机失事的最多原因既不是敌人猛烈的炮火，也不是大自然的狂风暴雨，而是飞行员自我的操作失误。最令人痛心的一个调查结果显示：事故发生最频繁的时段，既不是激烈的交火中，也不是紧急撤退之时，而是凯旋的返程途中还有几分钟便着陆的时候。这样的结果既令人心痛，却也令人警示：逆境纵使困难，却使人警醒，而顺境使人放松固然是好事，然而，放错了位置的放松却让你的人生更加危险。人生最危险的时刻往往并不是保持警惕的时刻，而是自认为最放松的时刻，而这也可从另一个角度上说明了心态对于顺逆境的作用。

人生总是越努力，越幸运

有人说，人生短短几十年，即便拼尽全力，不过也是平凡地度过自己的一生。既是如此，又何必如此努力拼命呢？诚然，生命总是短暂的。但是，我想要告诉你的却是：平凡并不等同于平庸。我们可以认为自己是平凡的，却不能就因此而认为自己是平庸的。因为我们都是平凡的个体，平凡与普通并不妨碍我们变得更加的出色。我知道，在从普通到卓越超群、从平凡到出类拔萃的过程中，必定会经历很多艰难，如果我们遭遇到艰难困阻只是一味地抱怨人生、抱怨生活，人生必定是充满怨气地糟糕着。只有心向阳光，将所遇见的艰难困阻最小化，乐观以待，才能成就我们不平凡的人生。

没有任何人的优秀品质是与生俱来，毫不费力的，成功也从来不是坐等天上掉下馅饼来。根据美国财经报道对美国最为成功的、排名前六位的富翁的调查显示：他们平均每周的工作时间都高达56个小时，而排在首位的比尔盖茨，他的工作时间更是高达80个小时。他们已经足够优秀，却还在不断努力。这其中的原因，我想可以用松下幸之助在接受采访时候的回答解释："在我小时候做学徒的七年当中，由于老板的教导，我不得不勤勉学艺，那时候看着是感觉很辛苦，很想要早点结束的。但是后来我才发现，我在这7年的时间里面不知不觉养成了勤勉工作的习惯，这却是我受用一生的最好的收获。"是啊，越是努力的人，在品尝到努力带来的美好结果之后，总是更加的努力，继而带来看似用也用不完的好运。

曾经有这么一位上司S，说起他的奋斗经历，可以说是"越努力，越幸运"的典型代表。S从小出生在贫穷的农村，几乎没有什么机会接受过正式的教育。十几岁的时候，就因为家里太穷最终遗憾辍学了。虽然S没有机会上学，但是却很喜欢读书，在他辍学那一年，他的父亲给他买了一本《新华字典》，希望他能够靠自己认识更多的字。

由于S没有什么学历，刚刚出来打工的S生活得很是艰难。他做过马夫，干过勤杂工，也做过洗碗工。可以说，几乎没有S没有做过的杂活。最终，S去了一个建筑工地当起了搬砖工。起初的S只是想要赚取稳定的工资度日，直到有一天，S遇上了一个令他心动的姑娘，开始思考他的未来。S说："我可不想以后让我心爱的姑娘跟我一样住在工地里，还有我的小孩，我不能让他跟我一样上不起学。”有了打算的S开始奋发图强。他看到前来视察的设计师西装笔挺，非常符合他心目中的梦想人生。于是S计划要成为一名建筑工地的设计师。

于是，当其他工人都在抱怨工资低、活却很多，因而消极怠工的时候，S却选择了积极向上，主动工作。S的目的很简单，通过成为工作最勤奋的一名工人获得上司的注意，自己才能有机会获得晋升，摆脱工人的苦力活。日复一日，S白日里都在辛勤劳作，并且注重学习遇到的建筑知识。到了晚上，当其他工人都在喝酒聊天的时候，S也在抓紧时间看书。

有一天，恰逢总公司的经理下到工地来视察工作，遇到了正在认真看书的S。经理问道："你看这个书干嘛？"S回答道："我想要多学点建筑知识，我想您这边不缺会干苦力的工人，却很缺少能够懂得建筑知识的人才。希望我有一天，能够为您发挥出更大的作用。"经理听了S的话，没说什么就走了。

过了一个月，经理将S叫过去谈话。经理被S的努力勤奋所感动，破例将S提升为建筑工地的安全监理。之后，S更是凭借着踏实努力的勤奋工作一步步获得了晋升。最终，S成为了这家建筑公司的总经理，年仅二十五岁。

人生就是这样，越努力，越幸运。或许我们每个人都想要让自己变得更加的优秀，却不懂得掌握让自己变得更优秀的方法。我们总是在将别人的优秀当成是自己的出发点，但是我们却忘记了他们在成为优秀之前，也曾走过一段艰辛的旅程。工作时，总是会有那么一群人，他们不管自己擅长与否，只看薪资是否合适，稀里糊涂地找到一份合适的工作，只要待遇比现在好就立刻选择跳槽。经历了几年以后，东一榔头，西一棒槌，似乎自己什么都略懂一点，却又发现自己什么都不精通。最终，在职业的瓶颈期，不仅没有什么骄人的业绩能够为自己增加筹码，反而沦落到将被社会淘汰的境地。

每个成功者在成功之前总是要经历过一段漫长时间的煎熬，在这煎熬的过程中，我们需要寻找到自己真正的优点并将这优点转变为自己的最佳智能点，才有可能取得出乎别人意料的好成绩。诚然，仅仅依靠努力奋斗是不足以成就灿烂的人生的，因为努力拼搏并不是取得成功的唯一前提。我们可以确定，除了努力奋斗以外，我们还需要懂得把握出现的每一个机会，学会在平凡中积极忍耐，并为成功时刻做好准备。坚信人生必定是越努力越幸运，也是拥有美好人生的一个必经之路。

做自我生活中生命的勇者

许多年前，对于鲁迅所说的“真的勇士，敢于直面惨淡的人生，敢于正视淋漓的鲜血”这句话，我是不能理解的。直到有所经历以后，我才明白，真正的勇士应当是热爱生命并会为了更好地生活下去而更加勇敢的。

生而为人，最大的困难、最悲惨的境地绝对不是濒临死亡，而是家徒四壁，连生存下去、好好生活都已变成了一种奢望。在这种情况下，仍然保持一颗忍耐坚持的心，不去与他人比较，不去怨天尤人，而是继续努力生活，这才是生命的勇者。

通常只有真正经历过“绝望”的人，才能真正体会生活的真相。造成绝望境地的情况有很多种，而“贫穷”可以说是最普遍的一个。最近大热的社交软件平台上有一则传播火爆、有接近100多万点赞量和3万多评论的短视频，视频内的内容很简单却令人心酸：市区内有一家珠宝店开业，为了拉拢人气，烘托欢快气氛，店主找来了一位临时工，让他穿上厚重的玩偶服在店门口招揽客户。玩偶的形象是一只呆萌的恐龙，开业当天，人流量不错，在这只呆萌恐龙的吸引下，珠宝店门口更是聚集了一大波的人群。很多人都选择停留，驻足观赏这只呆萌的恐龙，店主为了让人气不要散去，命令这只“恐龙”不要停止摇晃，继续摆动。“恐龙”一刻不敢懈怠，即便自己头晕目眩，汗流浃背，踉踉跄跄险些摔倒。人们都为这只坚持摇摆的“恐龙”喝彩，人群中不断传来叫好的声音。而当这只“恐龙”脱下厚重的玩偶服的那一刻，所有人都惊呆了，“恐龙”的扮演者竟是一名头发已经花白的老大爷，他光着脚，萌萌的衣服和苍老的脸极为不搭，甚至显得有点滑稽可笑，但是那一刻，没有人能够笑的出来，反而觉得愧疚万分。而正当人们愧疚之余，老人却开心地笑了，只是因为他发工资了。耗尽了全身力气，顶着烈日和闷热换来的几十块钱，让老人心满意足地扬起了嘴角。没有人知道老人的家境如何，儿孙怎样，却可猜想老人的家境一定并不富裕。试想，若不是因为贫穷，谁愿意在这样的年纪，不去含饴弄孙、共享天伦，而是辛苦奔波？

贫穷从来不会因为你的年龄和身世而对你格外开恩，眷顾无比，它只会钳制着每一个人，让你明白活着并不容易。就像冈察洛夫曾经说过的：“生活中并非全是玫瑰花，还有刺人的荆棘。”而对于穷人来说，命运，便是那刺人的荆棘。但是，贫穷或许可以摧残生活，却永远无法磨灭活着的希望。

电影《阿甘正传》里面，有这样一段话：“生活就像是一盒巧克力，你永远不知道下一颗会是什么味道。”没错，生活对于我们每个人而言都充满了苦涩与无奈，但是，亲爱的宝贝，相信我，这世上如果只剩下一种真正的英雄主义，那便是认清生活的真相之后，还是选择热爱生活。而这世上也只有一种真正的坚强，那就是即便被贫困已经逼到了生死边缘，却还是选择顽强地活着。因为，坚强地活着，其实比任何选择都要勇敢，不是吗?

真正看透生活的人总是能够明白：贫穷这块巧克力，即便再苦涩，也要硬着头皮吃下去，含着泪吞下去，裹着血喝下去。因而，即便经历了诸多磨难，遭遇了人间悲剧，却依然选择坚强生活的人，其实最勇敢。知乎上曾经有过很多关于“贫穷”“绝望”的讨论，有很多网友都得出了类似的结论：贫穷可以轻而易举地将人逼迫到失去理智。我们都说“穷凶极恶”，其实很多时候，只是贫穷太过咄咄逼人。人之初，性本善，这世上从没有无缘无故的恶，只有被生活击垮的善。贫穷就像是一记热辣的耳光，打在脸上时，痛入骨髓。并在打完你之后，让你永生难忘。

很多时候，我们都会自嘲：“何以解忧，唯有暴富。”这话在一定程度上其实是没有错的。面对生活，我们各自有着不同的欢喜与悲伤，但是面对贫穷，我们品尝到的苦楚却是同一个味道。每每看到新闻上类似有关贫穷与绝望的报道，故事中的主人公不见得是我们，但我们每个人却都可以从中找到自己的影子。我们都曾因为贫穷而去做一些自己并不喜欢的工作；我们都曾因为贫穷而去苟活在别人的脸色之下；我们都曾因为贫穷而无奈愧对自己的孩子与父母。贫穷，甚至一度让我们忘记了理想，失去了梦想和远方。

但是，让人潸然泪下的是，曾经被贫穷和绝望逼迫过的我们，却从未真正选择放弃过对生命的热爱，我们总是一边吃着生活的苦，一边又深深地热爱着生活。因为我们打从心底里相信：风或许可以吹倒一面墙，却吹不走一只有生命的蝴蝶。贫穷与绝境或许可以摧残我们的生活，却永远无法磨灭活着的希望。生活对于任何人而言，其实并没有值得探究的地方，而用力地活着，即便很辛苦却也用心地活着，便是生活的真相。所以，即便这个世界真的很薄情，也请深情地活着，做自己生命中的勇者。我们可以困于贫穷，却不能失去对生命的希望。

第 03 章

能够打败你的东西不多，懒惰可能是其中一个

超越自我的路上，能够对我们形成阻碍的事物有很多，而我们也总是能够轻而易举地就找到一个令我们放弃的理由。或许真的有很多的客观因素令我们不得不放弃，面对不得不放弃的无奈，主动偷懒造成的失败却更令人难以释怀。决定尝试之后就请坚持到底，然后你会发现，人生啊，能够打败你的东西其实并不多，如果有，那么，一定就是你自己那个本我，你的本我没有战胜生活在现实中的你。

改变从自我着手

生活中总是有这么一群人：每到年底都会在自己的朋友圈中列出下一年度要实现的无数个雄伟的计划，并且每个计划听来都是那么的奋发向上，激动人心。列完计划的第一周或许还能看到他在朋友圈中的打卡坚持，然而，过了两周之后，一切又变回了原来那副模样。试想一下，如果当初我们自己制定下的那些雄伟计划都能够按期实现，我们的人生会为之改变多少，我们又会变得多么的优秀。但是遗憾的是，将计划做好之后的我们，又有多少人能够坚定不移地执行下去？或许，有人的确会去执行这么一段时间，然而，遇见了某些困难之后，很快便会半途而废，或是重新去准备另一个计划，或是干脆放弃，将原来的计划、说好的改变抛之脑后，再也不提。于是，我们总是说明日复明日，却忘了明日何其多。

研究生一毕业，西宁就离开了北方的家乡，来到了繁华的南方。不同于北方的粗犷，细腻的南方到处都闪耀着迷人的姿态，无声无息地彰显着都市的繁华。从小生活在北方的西宁，从来到南方的第一天起，就感受到了自己的格格不入。好在，西宁的学历高，人也足够勤奋，最后总算是顺利进入了一家跨国公司。

初进公司，西宁感觉到公司里面到处都是高手人才，自己的学历即便还可以，面对实际工作却还是有点发怵。再加上发自内心的不安与忐忑，西宁并没有得到过多的重视，相反，总是遭受着莫名的轻视与不屑。“那段时间，走在路上，我都感觉到好像有人在跟我说：你看那个人，学历高又怎么样，还不是那么怂。”西宁后来对我说道。好在，倔强的西宁并不是传言中的那么软弱，很快，她调整好自己的心态，加紧努力，决定要通过自己的实力，让自己成为这个公司里最不可或缺的人才之一。

所幸，西宁这样想着，也按这样的想法一步一步地去做着。她在公司从事的是档案管理的工作，原本的专业是资源管理专业。靠着敏锐的嗅觉，她很快就发现了公司在这方面存在的弊端。于是，她决心改变，开始连夜加班，查阅大量资料，运用自身所学的理论知识结合实际工作流程写出了一份系统的解决方案，并将公司内部工作运行流程、市场营销方式以及后勤事务的规范整理出了一套完整的方案，然后一并发到了行政经理的电子信箱中。

没过几天，西宁就收到了回复。行政部门总经理请她到公司的餐厅喝咖啡，离开时语重心长地拍了拍她的肩头：“后生可畏啊，公司对于积极努力的人，向来是给予足够的空间施展才华的，好好努力！”得到肯定回复的西宁工作更加努力。

过了一段时间之后，公司想要竞标一个“绿色出行”的创新方案，同事们整天都在翻案例，找朋友，忙得焦头烂额。西宁白天做着自己份内的工作，晚上通宵不眠熬红了双眼做文案和竞标文书。经过一番努力，西宁终于在竞标前一天将自己的方案交了上去。竞标的当天，同事们递交上去的方案一下子被否决掉了好几份，公司高层开始紧张起来，决定试试西宁的方案。这一试，西宁的方案成功中标，西宁为公司立下了汗马功劳。

第二天，消息就传遍了整个公司，大家都知道了人事资料管理科有个叫西宁的小姑娘不简单。自此，西宁的腰杆总算是挺直了起来。一个月之后，公司人事大调整，原来的部门经理升迁被调去了其他部门，而新来的行政任命文件上赫然印着“西宁”的名字。最终，在同事们艳羡的目光之下，西宁收拾好自己的东西，迈着悠闲的脚步走进了18层那间美得像梦中的办公室。

生活中其实有很多个这样的“西宁”，他们不喜欢夸夸其谈，不会口若悬河，平时甚至有点不善交际，但是，他们努力而上进，积极而勤奋，总是在不知不觉中厚积薄发，令你刮目相看。也许在造梦开始的时候，你会对充满豪情万丈的生活由衷地向往，不自觉地将自己融入那样的生活，勾画起自己的蓝图。这没错，我们都应该有自己的理想和追求。但重要的是，我们的理想要切合实际。而最为重要的是，面对已定的理想和追求，我们需要做好行动的计划和准备，我们需要通过自我的努力实现所有的愿望。

千里之行始于足下，人生总是一分耕耘一分收获。再宏伟的梦想也经不住只说不做，再伟大的计划也需要人去执行，唯有脚踏实地，从自我做起开始改变，超越自我，超越你想超越的一切，才不会只是一个梦想。

立刻行动是成功的必需条件

生活中的我们总是会有这样的情况：将今天该做的事情拖到明天，现在该打的电话等到一两个小时以后才打，这个月该完成的进度表要拖到下一个月，这个季度该达到的业绩指标要等到下一个季度……在我们的工作和生活中，实在有太多拖延的情况。而拖延的原因，要么因为懒惰，要么因为犹豫不决，不论是哪种原因，其结果都是一样的——总体来说，拖延只会导致我们生活中的一次次遗憾和失败，百害而无一利。

许多人都喜欢等待，喜欢等到万事俱备再开始有所行动。殊不知，良好的条件其实是等不来的，工作中也很少会有万事俱备的时候，即便真的存在万事俱备的条件，想要做的人必定也不会只有你一个。所以，保险起见，其实我们可以选择在行动中不断地完善。然后，你会发现，只要做起来，那么哪怕很小的事情，哪怕只做了五分钟，有了一个良好的开端，就能产生不一样的效果，带动我们着手做好更多的事情。因此，希望你可以记住这样的原则：无论做什么事情，只是停留在嘴边的说说是远远不够的，关键还是要立刻落实在我们的行动中。如果将事情无限制地拖延下去，只会有害无益。当你为了一时的愉快而选择暂时搁浅的时候，事情只会越积越多，而不会无故减少。现实生活中，你会发现，不论你用了多少借口来逃避责任，该做的事情，最终还是需要去做，而拖延只会给你造成不同程度的折磨。随着时间的流逝，累积的工作所造成的压力只会越来越大，只会让你更加疲惫不堪。

避免拖延的唯一办法就是立刻行动，开始往往都是最困难的，但一旦有了开始，结果会比原先要好很多。曾经有一个学生拿着一张画稿去询问导师的意见，导师指着画布认真观察，指出了学生作品中的几个问题。学生高兴万分，回答道：“谢谢您，老师，我明天抽时间修改一下。”导师皱了皱眉说道：“为什么要等到明天，还是得抽出时间呢？万一明天抽不出时间怎么办？你必须马上动手，万一你没有明天了怎么办？”导师是在教育学生要“活在当下”，其实没错，我们做任何事情都应该有这样的心态。

你可以尝试一下，当接到新的工作任务时，立刻切实地行动起来。而诸如“再等一会儿”“明天开始做”这样的语言或者心理意念，一刻也不要存在。当生活中出现需求的时候，马上列出自己的行动计划，去做，而且是从现在开始，从当下开始。如此，你会形成习惯，最终受益良多。

朋友小C是一名医学院的学生。当初他的父母认为学医毕业之后成为一名医生，非常稳定并且令人敬佩，于是自作主张地安排了C的大学专业。每当C对大学专业表示出不满意的时候，父母总会用“等你学会了就会喜欢了”这样的话语搪塞他。C说他渐渐知道了这是父母的套路，想要从父母那里获得首肯再调改专业是不可能了。于是，C决定自己开始“拯救计划”。

说做就做，C的爱好是西点，梦想要成为一名西点师，毕业之后开一家属于自己的面包房。大学的上课时间排得并不满，C开始利用必修课剩下的业余时间自学西点知识。还到一家全国连锁的西点店做起了兼职，想要偷偷学习一些实践知识。兼职赚来的钱都被C用来购买了专业教程，学做各种西点。就这样，五年时间下来，C顺利从医学院毕业，也掌握了一身的西点制作技巧。毕业之后，C向父母袒露心声，并邀请父母品尝了自己亲手制作的西点蛋糕。最终，父母终于答应了C的要求，不再逼迫他从事医学，而是根据自己的爱好成为了一名西点师。五年之后，C终于如愿开了一家属于自己的西点店。

成功的秘诀之一就是“立刻行动”。无论何时，你会发现，如果你的内心中时刻牢记“立刻行动”，即便现在的你还未成功，但是你却已比曾经的你优秀了很多。通过对古往今来众多成功人士的实例分析，你也会发现：“立刻行动”可以说是所有成功者都会具备的一个基本素养。因此，想要成功，想要超越以前的自我，你需要考虑的是是否立刻行动。而当“立刻行动”成为肯定选项的时候，你需要考虑的就是如何行动，如何克服前进途中有可能会遇到的困难。

当你下定决心去做的时候，告诉自己立刻行动。不要费心去为你做的事情找借口，当别人询问你为何要这么做的时候，不用过多解释，只需淡淡回应一句：“我就是喜欢这么做。”明天就像是盒子中的巧克力，在没有吃到之前，你永远都不会知道会是什么滋味。因此，无须设想绝对完美的结局，更不要因为害怕失败而裹足不前，即便你只是做了一件自己喜欢却并未达到预期效果的事情，你也已经满足了自己的好奇心，并且从中收获到了经验和教训，不是吗？所以，养成立刻行动的良好习惯，当机会来临的时候，立刻行动，无论成败，在所不惜。

良好的机遇由你自己创造

钢铁大王安德鲁·卡内基曾经说过：“机会从来都是自己努力创造的，任何人都有机会，只是有些人善于创造机会罢了。”诚然，天上并没有免费的午餐，也自然不会有平白无故就砸到你头上的机会。仔细观察，你会发现，但凡成功者，都是善于创造机会的人。他们总是在有机会的时候立刻抓住机会，没有机会的时候就去创造机会。

机会从来都会成功的跳板。聪明的人从来都不会浪费时间在白白等待“机会从天而降”这件事情上，因为他们知道，机会从来都不是平白无故掉下来的。他们总是主动而积极地向机会扑过去，从千万个机会中打捞自己真正想要的“黄金”。或许有人会说，机会多么的难得，哪里能够说创造就创造。很多偶然性的客观机遇固然需要等待，但我们自身的主观能动性却更加的应该被重视。并且，等待机遇的过程也并不应该就是被动接受的。它同样需要你有积极的准备，需要你学会主动出击。如果你学不会主动争取，请记住这样一句略微刺耳却中肯的话：或许你自认为自己是这个世界上最为独一无二的存在，但是清醒点吧，像你一样平凡的人一抓一大把，比你优秀的人也比比皆是，比你优秀还比你更加努力的人更是数都数不清，当你自恃好运会格外眷顾你的时候，不过盲目自信以及自欺欺人罢了。

树上村田是日本著名牙刷公司（狮王牙刷）的一名普通工人。有一天，他稍微起得晚了一点，急急忙忙刷牙去上班。结果因为刷牙太过匆忙，他的牙龈都被刷出了血，很是影响心情。为此，树上村田很生气，也很郁闷，在去上班的路上仍是一肚子的牢骚和不满。

到了公司以后，偶然的一次机会，他得知其他的同事也有这样的烦恼，这让树上村田看到了机遇。他决定要着手调研一下“为什么刷牙会造成牙龈出血”这件事情，是因为牙刷材质的问题还是刷牙习惯的问题呢？于是他召集有相同烦恼的几个同事，聚在一起想办法解决刷牙容易伤及牙龈这个问题。

为此，他们想了不少的解决方案。比如，将牙刷毛改为柔软的狸猫毛；在刷牙前先用热水将牙刷毛泡软；多用些更好的牙膏；改变刷牙的速度，开始慢悠悠地刷牙……可惜的是，这些实验的结果最终显示都不太理想。后来，他们进一步对牙刷毛的材质进行放大检查。在放大镜的底下，他们却发现，原来牙刷毛的顶端并不是看上去的尖尖的形状，而是四方形的。那就怪不得牙龈总是会出血了！于是，他们着手进行改进，将牙刷毛的顶端改成了最圆滑的球形。这次，他们实验成功了，用这样的牙刷刷牙，即便早上很匆忙，牙龈也不会轻易出血。

没过多久，公司高层正准备全厂征集改良牙刷、促进销售的新方案。树上村田他们改良的牙刷以及取得的良效获得了公司高层的一致认可。在进一步实验论证以及成本核算之后，公司高层决定立即更换生产线，将所有的牙刷产品都改进为顶端为球形的牙刷毛。改进产品后的狮王牙刷在广告媒介的适当推动之下，很快打开了更多的销路，连续畅销十多年，一跃成为销售量占全国同类产品30%~40%的牙刷大王。树上村田也由此从普通员工晋升为主管，十几年后成为了该公司的董事长。

刷牙时可能会导致牙龈出血其实是一个大家都会遇到过的一个很普

遍的问题。但是，又有多少人想到过要为此解决问题并为自己创造下一个发展的机遇呢？生活往往就是这样，在某种意义上可以这样说，问题就代表着机遇，没有问题，也就不会有机遇存在的可能。因此，总是生活在问题中的我们，其实应该要怀抱感恩，拥抱思考，遇到问题的时候多多思考该怎么解决，这样才有可能会遇到属于自己发展的真正机遇。

有没有机会，能否得到机会，其实关键是看你以什么样的态度，什么样的角度来对待身边的这些机会。成功从来就不会凭空来到我们的身边，总是要靠我们积极地行动去创造。身为普通大众中平凡的我们想要获得成功，就必须要多花一些心思，多努力一些，才有可能得到命运的垂青。如果我们一直被动等待，等着别人用金盘子将现成的机会送到我们的面前，显然是并不现实并且不可能的事情。因此，希望你我在未来奋斗的日子里面都能够时刻牢记：良好的机遇要靠自己来创造。

再好的计划都不如立刻执行

生活中总是会有很多空有远大理想而不付诸实际行动的人，一边抱怨着世界对自己的不公，一边却在该执行的时候偷懒耍滑。和这些善于制定计划的人打交道时，最初的阶段，你很有可能会被他们表面的雄心壮志所迷惑，甚至在职场里，领导也会认为他们是难得的栋梁之材。而事实上，他们总是眼高手低，大部分的时间都沉浸在自己宏伟的计划中而不会去执行。长此以往，你会发现，他们根本做不出什么业绩，曾经的雄心壮志也只会变成同事们茶余饭后的玩笑。除非幡然醒悟并奋起直追，否则，最终的结果只会是逐渐沉沦或者是跳到其他公司去继续发牢骚。

依稀记得上大学的时候，有一个同学名叫阿花。阿花是个挺心高气傲的姑娘，平时做什么事情都喜欢端着自己。临近毕业的时候，其他同学都早早找好了公司前去实习，阿花却左挑右挑一直没有结果。我们都劝她先找一个对口的公司积攒经验要紧，但是阿花并不这么认为，一心想要找个上市公司，用她的话说：“只有上市公司才能让我心甘情愿地发挥自己的才能。”然而，事与愿违的是，阿花最终还是没能如愿走进心目中的上市公司，最后只好去了一家小公司“栖身”。

阿花的目的很简单，也很明确：先进这个小公司，一边拿工资养活自己一边再伺机找更好的机会。抱着这样的心态，阿花在小公司里开始了自己的工作。小公司毕竟是小公司，很多管理制度还没有完善，老板也是在各种摸索中不断地推翻再改革。在这过程中，阿花的反感情绪日渐积累并日益高涨。不论是公司管理制度的不完善，还是公司同事的不修边幅，都能够触发阿花敏感的神经，引起她的生气情绪。就这样，阿花在公司里越来越消极悲观，遇事也不主动解决而是能躲就躲，每天都哭丧着一副脸，做点小事就怨天怨地。

很快，三个月的试用期就结束了。老板找到阿花，对她说道：“我们认为呢，你的确是个人才。但是你显然对我们公司有很多的不满，也不想跟着我们公司共同成长。既然这样的话，我们公司这座小庙供不下您这尊大佛，还是请您另谋高就吧。”

阿花听了老板的话，整个人都是懵的，她看不上眼的小公司居然还能主动将她辞退掉。这时，阿花才开始反省自己：任何一个大公司其实都是从小公司的基础上不断发展演变而形成的。而最重要的是，依据自己目前的工作经验，重新再找一份像样的工作也并不容易。这时的阿花才想起来其实当初自己进这个小公司也并不是十分轻松的，也是付诸了一定的努力准备才成功的。而今，面对自己已经被辞退的事实，阿花从心底里后悔万分。然而，一切已经于事无补。

生活中总是不乏像阿花这样的人，总认为是诸多的客观因素限制了自己计划的执行，实则恰恰相反，只有拥有高度的执行力，配合切实可行的计划，从当下的工作做起，从一点一滴的小事做起，并不懈地坚持下去，才会取得理想的效果。

再伟大的目标，宏伟的计划，如果没有高度的执行力将其付诸实际行动，最终的结果都只会是一纸空文。只有高度的执行力才能够将手上的工作做得更好，也只有行动才会产生实际的结果，因而，行动是成功的保障，高度的执行是取得成功的工具。想法再好如果没有实际的行动相配合，最终的结果都只会是纸上谈兵。不论是在生活还是在职场中，我们都需要能够产生成果，可以创造成绩的行动。因此，无论你从事的是什么样的工作，无论你的生活正处于什么样的阶段，想要有所突破就先将心沉下来，然后付诸行动，脚踏实地地去做，做出成绩，成为自我的英雄。当我们学会每天用快乐的心情去面对工作或者生活中的琐事时，你会发现世界有所改变，一切似乎都变得容易了很多。长此以往，当高效的执行变成一种习惯，成功必定会张开双臂拥抱你。

有人说成功始于心态，成功要看你是否拥有足够清晰的目标，成功要看你是否遇到了恰好的机遇。因此，请你牢记：行动才会产生结果，行动是成功的保证。如果你想要成为自己的人生赢家，想要成为一名深受老板喜欢的优秀员工，想要如期实现自己的所有梦想，最简便快速的方法就是立刻行动起来！

成功在于从身边的小事做起

古语有云：一屋不扫，何以扫天下？生活中的我们经常会有这样的认知偏差：这些事情不过都是一些小事，何必在意呢？仿佛我们生来就应该是“做大事”“赚大钱”的人，因而很不屑自己要去做小事，赚小钱。其实，什么样的事情算大事，什么样的事情又算小事呢？你认为的诸多小事在别人的眼中或许就是涉及原则底线的大事，你所认为的大事在更加优秀的人眼中或许也就是不足为提的小事。所以，世间的诸多标准皆是因人而异，不要狂妄自大地将自己定义在所谓的某个阶层里面，仔细观察，你会发现，古今中外的许多名人，都是从身边的小事做起，将小事做到了极致，经过历史的沉淀，最终变成了人们口口相传的大事和英雄。试想，如果你连自己身边的一些小事都做不好，又如何能够做成所谓的大事呢？谁会给你机会呢？其次，学会留心自己身边的细微信息，做好身边的小事，绝对是有利无害的。

刘姐是某大型商场的销售经理，非常重视对于市场信息的收集。有一天，她在看报纸的时候，多次看到有关摩托车驾驶者造成交通事故的报道。经过思考，刘姐立刻组织商场里的采购人员购进摩托车专用头盔1000顶。过了不到一个月，当地交通部门果然下发了相关政策，规定了驾驶人员没有头盔不得驾驶摩托车。如此一来，头盔一下子成了热门货，刘姐带领着商场的销售人员做成了一笔好生意。

上文中的刘姐之所以能够取得成功，就是在于她总是能够从生活中的细微之处着手，瞄准机会，将生活中的细微信息与自我的工作需求相结合，变市场机会为自己的成功机遇。事实上，这样敏锐的观察性值得我们所有人去学习。在我们每天的生活中，能够接收到的信息有千千万万条，而对于你我而言有价值的少说也有数百条。同样都是面对生活中的未筛选信息，不会利用的人只会认为是垃圾信息而不去筛选，懂得利用的人却能从中获得自己想要的“宝藏”，为自己的人生事业添砖加瓦。

很多时候，我们并不是故意忽视身边的“小事”，而是绝大部分人并没有重视身边细微小事的意识与概念。而那些拥有“从身边小事做起”意识的人，善于抓住身边小事的机会，很多时候，就能够产生意想不到的收获。

如果我问你：你知道电风扇是什么颜色的吗？你可能会告诉我，电风扇什么颜色都有啊。的确，在现今社会，电风扇五颜六色，你想要什么颜色就有什么颜色，现在甚至可以根据你的需求帮你定制你想要的任何图案。然而，在世界上发明第一台电风扇的时候，电风扇是黑色的，于是所有人都理所当然地认为电风扇是黑色的。

当人们看腻了全黑色的电风扇时，电风扇的销量受到了严重的影响，许多小公司生产的电风扇根本销售不出去，日本的东芝电器也是如此。生产的一批电风扇根本销售不出去，全部都积压在仓库里，已经严重影响到了整个工厂的业绩以及工人工资的发放。为此，东芝的所有员工都在苦思冥想，想要把这些积压的电扇销售出去。他们试了很多种促销方法，结果却收效甚微。

有一天，某个小职员陪他的儿子在家里画画的时候，儿子问他："爸爸，为什么树木一定是绿色的呢？"小职员在回答儿子问题的时候，突然想到：为什么电扇一定都是黑色的呢？想到这个，他立刻向上级汇报，提出自己的想法，申请将积压的电扇重新生产，更换颜色，说不定会有不一样的销售。上级听了他的提议之后，认为可以一试。于是连夜安排工厂将积压的电风扇改头换面，生产出了一批蓝色的更符合夏天清凉风格的风扇，并以此为营销点进行销售推广。

很快，这批浅蓝色的电风扇受到了消费者的青睐，引领了新一轮的风潮。东芝电器仅花了短短几十个小时就将所有积压的风扇销售而空，全世界的电风扇也不再只是单调的黑色了。

你看，其实只是改变了"颜色"这一件小事，就由此开发出了一种面貌一新的、大大畅销的新产品，竟使整个公司因此而渡过了难关。颜色本身只是一件小事，利用得当，却是能够引发巨大经济效益和社会效益的大事。上面的故事中，提出这一设想的既不是有渊博科学知识的电扇专家，也不是具有丰富商业经验的销售能手，只是一个善于从点滴小事当中思考总结的小小职员。而在这之前，东芝公司的其他几万名职工，日本以及其他国家的成千上万的电器公司都没有人想到过要改变电扇的颜色，似乎电扇本就应该是黑色。

其实，这只是一种可怕的认知习惯，一种传统。因为，自有电扇以来，它的颜色就是黑色的，也没有人想过要去改变它的颜色。说来有趣，世间的很多事情就是这样滑稽。虽然从未有人规定过，只是因为在漫长的时间里面，人们已经形成了对电扇的一种固有认知。这种认知习惯反映在人们的头脑中，成为了一种根深蒂固的思维定式，严重阻碍和束缚了人们在电扇设计和制造上的创新思考。因此，请你记住：成功需要我们从身边的每一处小事做起，需要我们培养自我打破思维定势，勇于创新的意识和观念。只有首先有了“做小事”的概念，积少成多，我们才能做成人生的大事。

第 04 章

负能量就像身上背负的铅块，扔掉它你才能走得快

叔本华曾说过：“众生皆苦。”确实，人们通常不是在这里苦，就是在那里苦。但是你会发现：越是没吃过真正苦的人越悲观，越是没吃过真正苦的人越沮丧，越是没吃过真正苦的人越没信仰，反而是吃过苦的那些人乐观向上有信仰！因为真正有所经历的人才会懂得：遭遇苦难时形成的负能量从来不会自己主动消失，对其回避置之不理只会让负能量越发沉重，变成身上的铅块。只有学会自我调节，主动抛弃负能量，人生才能走得更远，走得更快。

及时逃脱人生负能量

生而为人，或许最无奈的事情就是看不清人生的方向。人生的不同阶段，我们总会遇见不一样的苦难，有着不一样的负能量和“死胡同”。胡同很玄很妙，如果没有外人的指引或者发自内心的跳脱，有些人或许花光一辈子的时间也未必能顺利走出。而一旦打开心门，撕开一道小口，只要坚定不移地顺着光亮前进，人生便会豁然开朗。

负面情绪就像是田野上无人管理的野草，一旦扎根，便会“野火烧不尽，春风吹又生”。负面情绪如果不能被及时从我们的内心中排除，便会不断地影响心情、破坏信心，甚至影响到我们的正常生活。仔细观察身边被负能量围绕的人，总是眉头紧锁，冷若冰霜，仿佛全世界的人都对他有所亏欠；又或者郁郁寡欢，对任何事情都提不起精神，严重影响到做事的工作效率，对人对己都造成极大的破坏。这样不会将自我及时从负面情绪中抽离出来的人必定是可怜又可悲的。

有人说，负面情绪就像是涟漪，你的愤怒与消极会迅速扩散并一层层传递给其他相关或并不相关的人。诚然，负面情绪的传递性与扩散性的确犹如涟漪，但是所造成的后果却不是涟漪般消失于无形。人生在世，我们总是相处在一个由各种人群组成的关系社会，各种关系错综复杂，很多时候，即便你只是很短暂的情绪爆发，也有可能在别人的心目中留下不可磨灭的坏印象。

范范刚刚毕业，就以实习生的身份进入到了一家上市公司行政部门当内务助理。实习之后，她被指派的第一件事情就是清点公司D栋楼里所有员工的电脑设备。范范在接到工作安排之后，丝毫不敢马虎大意，拿着一沓清点表，一支笔，马上就开始上下奔走。她万分辛劳地奔走于每个工作间的每台电脑，认真核对，登记所有电脑设备的出厂序号。

在这期间，她来到了公司互联网设计部门核查登记。不曾想，刚刚一进办公室表明来意，就听到了一连串的怒骂声："谁叫你来这里的？你想做什么？"

"我是行政部刚刚过来实习的，我们经理安排我来这里清点一下大家的电脑。"她惊慌地回答道。看得出来，朝她吼叫的就是这个部门的经理。

"我们部门的电脑不需要你们的任何清点！"对方继续厉声责骂道，"你们行政部每年都会进行清点，每年都是清点得乱七八糟，不但一点用都没有，还总是打扰我们的工作，影响我们的工作效率。你快出去，以后不准过来打搅我们。"虽然不是自己的直属领导，但是面对经理级别人物的毫不客气的责骂，范范一时呆住了，愣愣地站在原地，不知该如何是好。过了好一会儿，范范点点头，尴尬地离开了。

出来的路上，范范一直在脑海里回想刚刚发生的事情。这位经理的话泄露出了很多的信息，很明显，这是部门与部门之间的历史矛盾，而她只是很不幸地被当作了炮灰而已。自己其实并没有做错任何事情，反而是这位经理，在这件事情的处理上，显得极其没有风度。竟然对着一个刚刚入职的实习生发泄自己的怒火。

第三年，范范由于出众的表现，已经升任为公司行政部门的副经理一职。在范范参加的第一个公司领导层的月度会议上，范范再次遇见了那位经理。月度会议上，那位经理一反之前怒骂范范时凶恶的态度，对同级别的领导们都是一副慈眉善目般的笑容。直到见到范范，堆满笑容的脸竟然僵了一下，连耳根子都开始红了起来。

显而易见，这位经理发现了自己当初对范范本不该有的恶劣态度。短暂的情绪爆发或许在所难免。走在人生路上，身为平凡世界中的普通人们，即便再有能力，也很难让自己保持没有任何情绪的波动。但是，身处关系社会，我们应该学会尽量克制自己的情绪，毕竟能力越强，所处位置越高，情绪管理越是应该到位。

我们的一生就如同行走在迷雾中，很多时候都是当局者迷旁观者清。或许你自认为自己是个非常值得别人信赖的人，但是别人却更会通过你的负面情绪看到他们眼中的你，并先入为主，形成思维定势。我们并不主张生而为人我们不应该有任何的负面情绪，但是，身为成年人，身为社会中人，我们应当学会拥有从负面情绪中能够及时抽离出来的能力。毕竟，因为一两次的负面情绪而造成自己在别人心目中的不良印象实在是非常不值当的事情。或许，我们会有很多情绪上涌，难以下咽的时候。但是，不仅冲动是魔鬼，沉迷于负面情绪无法自拔更是人生升级版的恶魔。当被恶魔缠身的时候，我们需要学会尽可能快地转身，及时脱离，而不是任由其发展，让恶魔侵占你的人生。

放下过分的执着，其实是与自己和解

曾经听说过这么一个故事：火车就要开动了，有一个年轻人匆匆忙忙跑了过来。眼看着车门就要关闭，年轻人急急忙忙地冲了进去，情急之下，他的一只脚却被车门夹住了。幸好车门并没有夹住他的脚，而是将他的鞋夹掉了。这时，火车已经正式开动了，年轻人迅速地脱下另一只鞋，朝第一只鞋子掉下去的方向，毫不犹豫地扔了下去。火车上的人问他为何要这么做，年轻人爽朗一笑，答道："既然已经丢了一只鞋，我留下另一只也没用，不如将它丢下去，万一有人捡到了，还能多得一双鞋。"故事很简单，说明的道理却很深刻：很多时候，既然已成定局的事情，又何必强求，既然已经失去，不如勇敢舍得，学会放下，轻松前行。

有一个成语叫作覆水难收，当事情已经变得无法挽回的时候，我们应当学会放弃，其实，放弃也是一种争取。一味地将自己停留在过去的痛苦中，非但徒劳无功，还可能对自己造成更大的伤害。就像苏轼曾经在《水调歌头》里写过的："人有悲欢离合，月有阴晴圆缺，此事古难全。"我们总是被教育要追求人生的完美与两全，殊不知，"月有阴晴圆缺"才比较有意思，如果人生的每一天，天空中挂着的都是一轮圆月，纵然完美，却会失去很多乐趣，不是吗？生活本身从来都不是尽善尽美的，我们总是在追求完美的过程中学会与生活和解，与自己和解。

有一个男孩，在还没进入社会的时候，家人就告诉他：“这个社会上的人心最为险恶，等到你以后步入社会的时候，你就会知道社会的险恶和人心的贪婪。你就会明白这世上除了你的家人没有一个人值得你的信任，更不要完全相信一个人，因为他们都只是想尽办法要占你的便宜而已。”

男孩高中毕业之后，没考上大学，便开始尝试着找工作。然而，他不是莫名其妙地被人解雇就是觉得自己“不适合”那份工作。也就半年的时间，他从销售、送书报、卖小商品一直做到抄写，甚至连建筑工地的搬砖工也去做过，却没有一样能做长久。离职的原因千奇百怪，不是因为他讨厌老板和同事，就是老板和同事对他有意见。“社会就是这个样子，不管我怎么努力，到头来都会遇到坏老板或者同事让我所做的努力变得一文不值，既然这样，我不如早点放弃这种烂工作，总比自己辛辛苦苦半天，到头来却功亏一篑的好。”男孩心里这么想着，也就这么做着。

终于有一天，有一个相熟的朋友问他：“你不喜欢你的工作吗？”男孩仔细思考了一下：“其实还好，自己还是挺喜欢目前这份工作的。”“那你为什么看起来总是不开心呢？”朋友接着问道。

朋友的话让男孩陷入了思考：的确，这么长时间以来，好像不是自己遇到的老板和同事们奇奇怪怪，而是自己好像有点奇怪。每次进入新公司以后，自己对所有人总是充满戒备。遇到难题的时候不知道问人，只会自己苦干；有人想帮自己的时候，自己也是把对方当成贼一样地防备着；同事有困难的时候也未曾见自己伸出援手;进入公司好几个月的时间了，对自己的职位总是一种可有可无的态度，似乎随时准备离职……想通之后，男孩不得不承认，如果自己是老板和同事，可能也不会喜欢与这样奇怪的人相处。

男孩终于明白，整天疑神疑鬼，胡乱猜疑对自己是没有一点好处的。自己反倒应该放下戒备，培养自己与人合作的能力，积极地寻找生活中的战友，而不是消极地逃避一切。

舍与得从来都是相辅相成的因果关系。因为某些原因放不下心中的某些事，过分地执着，你以为是对别人的报复，其实到最后因此而受伤的只有你自己。生活中总是会遇见这样的人：因为某一件小事对某个人有了意见，本可一笑置之，再见不难。却总是过不了自己内心的那道槛儿，原本很小的意见随着时间的流逝并没有被冲淡，反而更加枝繁叶茂。这样的人难以原谅别人，自以为坚持自我有个性，实则只是跟自己过不去。虽然我们的生活中难免会遇到和我们观念不同的人，但是这并不代表着我们周围的所有人都会这样。我们不喜欢自己受人所迫，更不应该强迫别人认同自我的观念与意见。愤懑的时候告诉自己：不愉快的经历其实是我们生命旅程中的磨砺，也是催促我们成长的动力，经历的事情多了，你的收获也会更多，人生也会更加丰满。

拥抱人生正能量

著名的心理学家阿尔弗雷德·阿德勒曾经说过：接受真实的人生，而不是完美的人生。因为生活本身就不是完美的，也正是因为有缺憾，我们的人生才会各有各的精彩。我们要学会接受自己生命中的不完美，因为这个世界上，本来就没有十全十美的事情。学会接纳自己人生中的不如意，毕竟，每个人的一生中，不可能每件事情都做到称心如意。

接纳自身的不完美，接纳人生中的不如意，需要我们学会调整自己的心态，轻松看待任何事情，对任何事情都保持积极向上的乐观态度。凡事换个角度重新思考，或许能够发现人生不一样的乐趣。

曾经我认识的一个朋友遭遇了很可怕的交通事故，所幸，那场交通事故并没有夺去他的生命，但是作为活下去的代价，朋友失去了双腿，此后的人生都将只能在轮椅上度过。周围的亲朋好友知道了，没有一个不表示遗憾的。但是，却也没有更好的办法可以安慰他。只是再次相聚的时候，所有相熟的朋友都在刻意地回避着相关话题，生怕一不小心就触碰到了朋友敏感的神经，让他再次悲伤。反倒是朋友自己，从一见面就在高兴地与我们问好，欢呼自己终于又“重出江湖”了。终于，一向心直口快的“喇叭”忍不住问他：“你现在每天坐在轮椅上，是不是感觉很糟糕？”问题一问出口，仿佛空气都停顿了一下。所有人都默契地屏气等待，朋友自然地回答道：“还好啊，我每天坐在轮椅上，总算是获得了自由，再也不用被逼着出去跑步啦。再者，没有轮椅的话，你们以后可能只能在床边跟我说话啦，哈哈。”朋友还是和以前一样，语气中尽是幽默和调侃，全然听不出半点悲伤。但是我们都知道，从一个生龙活虎的健康人到后半辈子只能在轮椅上度过，朋友即便再乐观，一定也是经历了很多的纠结和挣扎的。而值得庆幸的是，现在的他，算是走出来了。

后来，我问朋友是怎么从这段巨大的创伤当中走出来的。朋友笑着说："没办法，除非当时就结束了生命，既然活下来了就说明我的生命还没有走到尽头。出事以后，最悲伤的其实是我的父母，我不能自己再悲伤，这样会让他们更悲伤。换个角度想，剩下来的人生不过是重新换了另一种生活方式继续生活下去而已，又有什么大不了的呢？只是不能再跑步了，现在科技这么发达，说不定以后我还是可以跟以前一样行动自如呢。"朋友的一席话令我感动又敬佩，说来容易，最终能够真的做到，我知道他一定是克服了许多我们无法想象的艰难与困阻。

朋友的乐观与快速恢复其实来自于他每天给自己的积极的心理暗示。众生皆苦，我们总是会在生活中遇到这样那样让自己不快乐的事情。如果将这些悲伤事件比作是一滴水，积极的心理暗示会让这滴水往上漂浮，变成清新的空气，最终令人心情愉悦。而消极的悲观情绪只会让这滴水不断往下坠落。最终，裹挟着泥土击打在松软的心田上，造成坑坑洼洼的泥沼。

当你情绪不佳的时候，不妨停下你手上的一切工作，将乱七八糟的思绪放在一边，握紧拳头，看着远处对自己大声说上10遍："我感觉很好！"如果你能越说越有劲，那样更好。如果你感觉到悲伤，那就趁势痛哭一场，将所有的负面情绪都哭走。结束之后，事情本身没有任何改变，但是你会发现，你的心里发生了一些微妙的改变。这种短暂的重复，给自己适当的积极的心理暗示会让你的情绪变得更加积极一些，它虽然停留的时间可能不会太长，但是你还是能够捕捉到它。这就是一种情绪调整的策略，原理在于你给自己做了重复的心理暗示。而心理暗示可以在很大程度上潜移默化地影响着我们的行为和情绪，最终形成良性循环。

余生很长，需要面对的事情很多，希望你在未来的人生里遇到任何糟糕的事情时，都能够记住：生活是我们的朋友，而非敌人。盲目的扩大生活中的不利因素不但不会让我们开心，反而会让我们失去对生活的热情和好好生活的能力，阻碍我们与别人建立情谊，进而将自己关进孤独的城堡中。遇到难题的时候，笑一笑，不是为了原谅别人，只是为了放过自己，让自己浑身充满正能量。毕竟，把握当下，才是值得我们打开的正确的生活方式。所以，未来的日子里，能笑着度过，就千万不要哭泣。

让过去的经历变成你前进的动力

前段时间，刘若英执导的电影《后来的我们》里面有这样一段情节：男主角林见清花光了自己的年终奖，租了一辆小车，拉着一车的礼品，准备风风光光地参加同学聚会。结果却被老同学一眼戳穿了他装大款的事实并对他极尽嘲讽。好胜心极强的林见清回北京之后发愤图强，最终做出了一款备受欢迎的网红游戏，在业界一炮而红。之后更是与知名游戏公司签约，人生从此走上巅峰。

电影中的情节或许自带“杰克苏”成分，但是这样的事例在现实生活中也比比皆是。曾经就听说过这样一个故事：

有一个男孩，从小出生在一个贫穷人家。由于家中经济条件有限，男孩没上过什么学就早早步入社会开始打工。年幼的男孩没有什么学历更没有什么技能，于是只能到一个洗车店，成了一名普通的洗车工。有一次，店里来了一辆崭新的劳斯莱斯名车，男孩第一次看到这么豪华的跑车，出于好奇就忍不住坐上驾驶座摸了一把方向盘。没想到，男孩的这一举动被领班发现了，领班冲过来凶狠地打了男孩一巴掌，并冲男孩吼道：“万一被你摸坏了怎么办？就凭你这个样子，洗一辈子的车都不可能赔得起。”领班的话语深深刺痛了男孩的心，男孩便从那一时刻起决定要奋发图强，下定决心终有一日要买一辆属于自己的劳斯莱斯。

这个念头在男孩的心中从未被忘记，每当奋斗过程中出现困难想要放弃的时候，这个念头就越发强大，变成了鼓舞男孩不断前进的强大动力。若干年后，男孩终于获得了成功，实现了当初购买劳斯莱斯的愿望。实际上，后来的男孩红极一时，资产更是多到令人咋舌。据小道消息传言他名下不光有劳斯莱斯这一辆座驾，还有其他四辆，共计五辆世界名车，而这些也不过是男孩名下资产的冰山一角。这个男孩就是香港曾经的头号影星周润发。

我们的出生、所在的家庭条件都是无法改变的过去时，而能够改变的只有当下以及未来。面对过去的不如意以及无可奈何，不必难过，不必忧伤，你要知道，正是因为经历过种种磨难与困苦，你才会拼了命地想要摆脱现状，去向外界证明自己的价值。面对那些因为你的过去而打击羞辱你的人，你更应该不卑不亢，扎实地走好自己的路，凭自己的本事和能力还给他们一记响亮的耳光。在这世界上，从来就没有谁能够轻易将你打倒，除了你自己。年轻时因为种种原因被别人踩在脚下的尊严，终归还是要靠我们自己一片一片地捡回来。

微博上曾经疯狂转载这样一张照片：暴雨突然来临，卖水果的小贩无处躲藏，只能蜷缩在小推车底下，蒙蒙的雨雾下，形单影只的她显得那么的寂寥与孤单。而更让人扎心的是下面评论里的这一句话：人到了一定的岁数以后，自己就得是那个屋檐，再也无法找地方躲雨了。是啊，生活在成年人的世界里，从来就没有过“容易”二字。随便从大街上拉出一个人询问一下，可能就有着心酸的过往。生活在世，我们每个人都有自己的艰难和困苦，都有自己必须要面对的单枪匹马的战斗，谁都逃不了。然而，更为可悲的是，经历多了，坚强惯了，你才不得不明白，这世上有一种心酸，叫作靠你自己。

但是，靠自己，只能靠自己，听来诚然心酸，却无可奈何。这世上就是有很多我们无法改变的事实，只能自己经历，别人无法代劳。即便逃过这一次，后面总会有更大的在等待着你。就像是唐僧西天取经，看似最软弱、最不会保护自己，却是意志最坚定的那一个，即便历经九九八十一难，始终没有改变要求得真经的初心与目标，而事实也告诉他，历经磨难之后收获到的，不光是真经本身，还有流传千古的传奇人生。你看曾经你所经历过的一切磨难、一切不愉快的回忆，只要利用得当，最终都将变成你的跳板。过去的失败也罢、落魄也好，都已经是过去的事情。只要保持努力，不断学习进步，相信自己，最终一定能够到达更加美好的未来。

人生就像是一段向上攀岩的过程，如果只是一味地靠别人帮忙，最终的结果很有可能是连同帮助我们的人一同坠落。只有对自己决绝一点，经历过的磨难就当成过往的经历，有用的继续放进行囊，没用的就地丢弃，人生才能走得更远，走得更快。这世界上从来没有谁的生活永远都是顺风顺水的，家家有本难念的经，我们每个人都有着自己的烦恼以及自己难以忘怀的痛苦经历。而旁人所能给的帮助其实只是杯水车薪，不论什么时候，真正能够将你从深渊里拉上来的，从来都只有你自己。

做内心坚定的自己

伟大的哲学家莎士比亚曾经说过："一个人不可能走过相同的一条河流两次。"莎士比亚的话语中透露着哲学的唯一性和世间万物不断的变化性。诚然，我们的人生其实也各有各的不同，这世上从来就不会有脉络完全相同的两片树叶，因此，我们大可不必为了迎合别人而牺牲自己，更不必因为看到别人的优秀而慌了我们自己的阵脚。

前段时间，看到这样一篇报道：现实生活中，"焦虑"已经成了很多人生活中的一部分。当一天下班时间近在眼前，还有一堆事情来不及做的时候；当房贷车贷信用卡压着你的时候，饭也吃不好，睡也睡不着；当看到朋友圈各种“烧钱养娃记”的时候，担心自己以后可能连孩子都养不起等，如影随形，无处不在。报道中有一则视频反映出的数据更是令人触目惊心：每年，中国有55万人猝死。

什么是猝死？猝死就是毫无征兆的突然就死掉了。猝死的原因可能有很多，但是却有一个共通点令人深思：猝死之前，他们往往都工作了很久，非常劳累，非常疲惫。这就意味着，即便没有猝死的，每年中国仍有不计其数的人，每日都生活在过度劳累之中。他们虽然没有严重到死亡，但是生活的确也并不畅快。而这一切，都是因为焦虑。焦虑自己失败，焦虑自己落后，焦虑自己被抛弃，焦虑自己输给同龄人，于是拼命工作。而后果就是，数据显示：有超过90%的年轻人，其实都是处于亚健康状态，超过7成的白领，有过劳而死的风险。

我们常常用“标配的人生”来定义自己的成败，毕业三年之内月薪三万，结婚之前有房有车，30岁之前实现财富自由等，少年成名赚大钱的例子被无限放大。似乎没有了这些，我们就不配活，我们就不配结婚生小孩，我们就不配做人，我们的人生就很廉价，但是事实真的如此吗？

心理学家格赛尔曾经做过这样一个著名的双生子实验：他让一对同卵双胞胎练习爬楼梯。一名孩子在出生后的第48周开始练习，每天练习10分钟，代号为A；另一名孩子则从出生之后的第53周开始同样的练习，一样每天练习10分钟，代号为B，两个孩子都练习到出生后的第54周。在第54周的时候，格赛尔为两个宝宝举办了一次爬行比赛用以检测练习的效果，然而，最终的结果却出乎所有人的意料：并不是A获得了胜利，两个孩子爬楼梯的水平几乎是一模一样，不管是速度还是方式，并没有显示出本质的差别。如果不算A练习了7周，B只练习了2周这点差异的话，根本看不出任何的差别。

生活其实也类似于这样的实验：生活在这个世界上，我们每个人都有自己的时区和生长规律，违背自然的“揠苗助长”除了增加没有必要的焦虑，没有额外的好处。所以，很多时候，并不是所有的事情都是越快越好，也不是所有的人天生都适合加速飞跃。在这世界上，纵观古今中外有所成就的人，厚积薄发、大器晚成的人比比皆是。毕竟，人生从来不是一场短跑比赛，而是一场马拉松。

对生活的焦虑在一定的范围内是你前行的动力与刺激。而过了这个你能控制的范围，焦虑就成了阻碍、成了抑郁、成了疾病，甚至成了死亡。因此，找准自己的目标，找准属于我们自己的时区，在自己的时区里，不断地自我练习、学习进步，不断地提高就好，你没有迟到，更没有落后。就像国外曾经流行的那首小诗所说的：纽约的时间比加州的时间早三个小时，但是加州的时间并没有变慢；有人在22岁就毕业了，但是等了五年的时间才找到了合适自己的工作；有人在25岁就当上了企业的CEO，却在人生50岁的时候匆然离世；也有人直到50岁才成了梦想中的CEO，然后活到了人生的90岁；同样的年纪里，有人依然单身，有人却早已成婚；奥巴马55岁的时候就退休，川普70岁的时候才开始当总统……

这世上每个人本来都有自己的发展时区。观察你身边的同龄人，有些人看似走在了你的前面，有些人看似走在你的后面。但其实，每个人都有自己的发展时间和属于自己的人生步程，我们大可不必羡慕嫉妒或是嘲讽轻视。生命总是在等待着属于我们各自正确的行动时机，在命运给你安排的属于你独一无二的时区里面，一切都很准时，而我们需要做的就是积蓄力量，勇敢地、坚定地做自己。

第05章

别让情绪主宰你的人生，坏情绪只会妨害你

我思故我在，思想决定人生。往往拥有什么样的情绪，就会拥有什么样的生活。懂得把握自己情绪的人懂得怎样让自己的生活更加健康，而大多数生活不快乐的人都是因为不会控制自己的情绪，不懂得如何快乐地交流、工作与生活。

快乐不光是一种心境，也是一种积极乐观的人生态度。越是历经苦难的人、越是真正懂得该如何控制好自己的情绪，主宰自己的人生，而不会控制自己情绪的人往往也是一个管理自我人生能力缺失的人。学会控制自己的情绪不光是一种心态要求，更是一种我们应该掌握并不断提升的能力。

学会管理自己的情绪

情绪，既看不见，也摸不着，却是一种巨大的、神奇的力量。它既可以催人奋进，让人精力充沛，使人愉悦，也可以使人心情烦躁，情绪低落，甚至万念俱灰，陷入痛苦的深渊无法自拔。而这，就是良好情绪与负面情绪带给我们的巨大差别。因此，控制好自己的情绪，其实不光是一种心境，更是一种我们应该学会掌握的巨大能力。

生活中的我们，其实经常会遭受着各种各样坏情绪的困扰，而具体的表现就是莫名其妙的发火、内心焦虑、心情抑郁、惶恐不安等。常见的情况下，当忙完一天紧张的工作之后，我们很容易就会出现心情烦躁、抑郁的情况，特别是工作繁忙或者是不顺利的时候，内心会变得更加焦躁，感觉什么事情都不顺利。而这些，其实都是负面情绪作祟的结果，如果遇到这些负面情绪，我们能够及时调整，学会控制，其实往往会有不一样的结果。

历史上就曾经发生过这样一件因为掌握不了自己的情绪而最终变成悲剧的故事：那是1965年的9月7日，在美国纽约正在举行一场世界台球冠军争夺赛。参与冠军争夺的是刘易斯·福克斯以及约翰·迪瑞。预决赛的时候，福克斯以绝对的优势将其他的选手甩到了身后，顺利进入了最后的总决赛。在决赛中，他的发挥也相当地出色，可以说是已经胜利在望，只要再得几分便可稳拿冠军。

就在所有人都以为刘易斯·福克斯拿定冠军的时候，一只苍蝇落在了主球上，一开始，他只是赶忙挥手将苍蝇赶走了。可是，当他再次俯身准备击球的时候，那只讨厌的苍蝇又落到了主球上。这时，观众席中发出了一串哄笑声，刘易斯·福克斯再次起身去驱赶苍蝇。然而，苍蝇总是很讨厌，总也赶不走。而随着那只苍蝇一次次地落在主球上，刘易斯·福克斯的情绪发生了越来越微妙的变化，他开始因为这只讨厌的苍蝇不断地落到主球上而生气。而最让他生气的就是，那只苍蝇仿佛是有意要与他作对，只要他一回到球台准备击球的时候，那只苍蝇就会重新落到主球上去。

终于，刘易斯·福克斯的情绪积累到了一个爆发点，他失去了理智，难以抑制的愤怒使得他突然用球杆去击打苍蝇，结果球杆触动了主球，裁判判定他击球，他也因此失去了一轮击球的机会。而正是这次机会的缺失，导致了他后半场比赛的败局。在后来的比赛中，刘易斯·福克斯连连失利，而他的对手约翰·迪瑞却越战越勇，迅速抓住机会赶了上来并将其超越，最终获得了这场比赛的冠军。而更为可惜的是，丢了冠军的刘易斯·福克斯情绪低落，心情糟糕到了极点，最终竟选择结束了自己的生命，投河自尽了。

你看，只是因为糟糕的坏情绪，刘易斯·福克斯不但失去了夺冠的机会，更因为未能及时调整自己的坏情绪而失去了自己宝贵的生命。仅仅是一次失去理智的行为最终却造成了如此得不偿失的后果，让人不禁深感惋惜。试想，如果当时刘易斯·福克斯能够无视那只苍蝇，能够控制好自己的情绪，而不是让坏情绪掌握了自己的命脉，那么他的人生必定又是另一种美好的样子。

我们的生活节奏越来越快，生活质量也越来越高，而作为代价，我们每个人面临的压力都在与日俱增。面对生活中强大的持续性的压力，我们的神经系统经常处于紧张的状态，就好比是张满的弓弦，一旦出现裂纹很容易就会绷断。面对这样一个普遍现象，我们更需要学会调整自己应对压力时的紧张情绪，提高我们自身的心理承受能力，将自我的情绪掌握在可控范围以内。或许有多认为怎么可能做到完全控制住自己的脾气呢？即便性格再温柔，这世界上总归会有很多令人生气又愤恨的事实存在。诚然，客观事实我们无法改变，但是主观内在却是我们应该要学会控制的。很多时候，别人对你最深刻的印象，通常就是你在最糟糕的情绪下面表现出的那个你。当你以为一两次情绪的爆发只是极其普通寻常的事情的时候，殊不知，别人可能已经在内心里对你做了另一种分类与界定，只是你未可知而已。当然，没有人能够做到面对任何令自己生气愤懑的事情都能够心如止水，没有任何情绪的展现。只是，我们应当学会尽可能地控制，控制我们的情绪与本能，在不涉及底线和原则的情况下，更加宽容大度，学会隐忍，学会设身处地、换位思考，学会主宰自己的情绪，学会将人生把握在自己的手上。

远离会传染的负面情绪

负面情绪从哪里来?

专业回答是：当一个人的意志被消耗以后，就会出现自控力下降的情况，而这时，我们的情绪就会表现出一些负面特征来。通俗点讲，我们的生活中其实经常会有这样的情况：长时间的加班之后，或许你还能继续上班，并不会感到有多么的劳累，但是这时，如果再强迫你继续加班，你一定就会产生无比烦躁、抵触的情绪。如果这时，再有一件小事不顺你的意，很可能你就会暴跳如雷，歇斯底里。为什么事情最终会演变成这种结果？实际上，这种烦躁、抵触的情绪其实就是我们后面愤怒情绪的源头。因为你的内心首先有了负面情绪的种子，你的情绪才会积压到最后爆发。以上，我们说的是生活中非常常见的一种情况。实际上，还有另一种情况是我们大多数人都会忽略的。那就是心理学家提出的：我们在进行对自我控制的过程中，其实也会产生相应的负面情绪。解释一下，就是：当我们完成自己内心里并不愿意的自控任务之后，有时候也会出现情绪失控的现象。举个例子，就像是整天喊着要减肥的人，如果真的非常想吃东西的时候，你把她面前的美食拿走真的不给她吃，她实际上也是会不开心的，即便没有到生气的程度，必定也会有失落的感觉。

事实上，喜、怒、哀、惧是我们人类的四种基本情绪，构成了我们丰富的情感元素和旺盛的生命力。而在这四种情绪里面，除了喜是积极的情绪表达，其他的三种情绪都很明显是负面情绪，带有浓厚的悲观色彩。因此，如果我们控制不好喜怒哀惧这四种基本情绪，我们就有可能会沦为负面情绪的奴隶。打个比方说：遇到令我们紧张的事情时，比如去面试一份新的工作，面试之前的我们总是焦虑不安、坐卧不宁，这是极其正常的。再比如说：受到老师的批评之后，我们总是会有心情沮丧，甚至不愿再上学的时候，这一刻也是极其正常的。或者，当我们工作不顺心的时候，很容易就会看谁都不顺眼，看谁都想发火，这其实也是很正常的。当然，我说的正常是指：当诸如此类的负面情绪出现一次两次的时候，这是很正常的事情。因为人有七情六欲，谁也没有办法保证自己永远开心快乐。偶尔一次两次可能是主观问题，在所难免，但是如果我们的人生经常这样，其实就说明或许我们已经被自己的情绪控制。这时，如果不加以调整，我们极有可能会沦为负面情绪的奴隶。因为，无数的事实表明，负面情绪不光会扰乱我们的生活秩序，还有可能会给我们的工作、学习以及生活造成不好的影响。

千万不要以为负面情绪的表现只是发发小脾气，什么结果也不会有。事实上，负面情绪对我们造成的影响超出我们的想象。选择对负面情绪视而不见、听之任之都只会是让我们的人生更加充满危机。当危机来临的时候，我们需要学会调整自己的心态，学会控制自己的情绪并尽量避免坏情绪影响我们的工作、学习和生活。生活中，我们每个人都要与形形色色的人打交道，要面对各种各样的困难与挑战，如果我们不能懂得控制好自己的负面情绪，就很容易在别人的心目当中留下不好的印象，对自己的人际关系造成困扰，对我们的生活和工作造成极大的负面影响。

生活中，我们总是会有这样的经历：好事不出门，坏事传千里。家里有一个人在生气郁闷的时候，很快，家中的其他成员也会郁闷或者心情不佳。但是这时，如果你能逗笑他，他开心之后，整个家庭又会恢复快乐的气氛，这个现象说明我们的情绪的确是会相互传染的。实际上，不良的情绪和心情会随着社会关系链条，由地位高的传向地位低的，由强者传向弱者，而处于最底端的弱小者就成了最终的牺牲品。心理研究表明：当我们看到别人表达某种情感的时候，其他人其实会在潜意识里模仿对方的表情，内心产生相同的情绪体验。这也就解释了为什么与乐观、快乐的人在一起，我们就会变得开朗许多，而跟悲观、抑郁的人在一起，我们的心情会不自觉得变地沉闷。因此，在认识到情绪具有传染性之后，我们就要重视情绪的这一特征，利用正面的、积极的情绪来克制、舒缓自己的负面情绪，以防自己成为那个负面情绪的源头，或者成为情绪传染链中的一环。所以，遇到任何人生中的突发与意外的时候，告诉自己，用理智来控制住你的负面情绪，只有保持良好的心理状态，才不会成为负面情绪的感染者和传播者，也只有能够控制好自己负面情绪的人，才能更好地掌握好自己的人生，过上积极、快乐、健康并幸福的生活。

每天保持良好情绪

俗语说：“微笑着度过一天是一天，哭泣着度过一天也是一天，那我们为什么不微笑着度过呢？”没错，现实生活中，不管我们面对什么样糟糕或者美好的事情，你都会发现，生活总是按部就班地往前迈进，丝毫不会停下脚步去等你。而想要赶上生活的列车，我们只有努力去调节好自己的心情，为自己而活。

很多时候，告诉自己要每天都保持良好的心情实际是一件很难做到的事情，因为我们的生活从来不会一直都是一帆风顺的。但是，既然生活绝无可能永远一帆风顺，而我们也无法对生活本身有所改变，那我们不如选择改变自己，改变自己的心情，放大身边的快乐，弱化遇到的苦难，让我们的生活在艰难中增添许多欢乐。

古语有云：近朱者赤，近墨者黑。很多时候，你选择跟什么样的人在一起，过什么样的生活，最终，你就会变成什么样的人。和积极乐观的人在一起，潜移默化之中，你会变得开心很多。反之，长时间和消极悲观的人在一起，你会发现自己越来越悲观。曾经听说过这样的一个故事：

大学毕业后，刘强进入一家公司，给老总当助理。这一干，就是三年，刘强始终兢兢业业，也得到了老总的赏识。然而，刘强觉得自己一直当助理终究不是长远之计，又看到好几个同学下海经商、创办公司都有了不错的成绩，为此，也萌生出自己当老板的想法。得知刘强想要离开，老总感谢刘强三年来贴心的照顾和在工作上的默契配合，为此给了刘强一笔钱，想要感谢刘强，也作为对刘强创业的支持。

不想，刘强却当即对老总表示拒绝，说：“老总，三年来始终陪伴在您的身边，我不但积累了丰富的经验，也积累了一笔钱，足够创业所用。”老板很惊讶：“你的薪水待遇虽然不低，但是也不足以有那么多钱啊。”为此，老板追问刘强原因，刘强笑着说：“耳濡目染，我每次和你一起去开会，或者洽谈项目，看到有您看好的项目，就会拿出一笔钱投资，等着分红和营利。日积月累，这笔收入竟然超出我的收入十几倍，所以我创业的钱绰绰有余。”老板也很惊喜，赞叹道：“你小子这么聪明机灵，果然才智超群啊！”

你看，环境就是这样，潜移默化之中就会改变你于无形。当你选择与优秀的人在一起的时候，很容易的，你就可以学到他们身上难能可贵的品质和学识，自己也更容易走向成功。同理，当你觉得自己的生活充满曲折的时候，请选择与积极乐观的人多在一起，抛弃脑海中的负面情绪，让自己的人生充满欢声笑语。

即便你遭遇了突发意外所带来的难以承受的生命之痛，但是，仍然希望你能够尽快走出并勇敢地活下去。希望你能够记住，生活本身其实从没有拖欠我们任何东西，即便我们每天对它板着脸，对它也不会有任何的影响，最终受伤害、迟迟走不出伤痛的只会是我们自己。我知道，我们所有人都知道，面对切身的巨大悲伤，没有人能够轻松地放下，但是，也没有人应该永远牢记伤痛。一时的伤痛是为了对所爱之人的祭奠，永远的伤痛却只能是对自我的无效惩罚。告诉自己，面对伤痛，我们选择悲伤一阵子就好，千万不要悲伤一辈子。即便你所爱的人远离你而去，想必他最大的希望也会是你可以快乐地继续生活下去，不是吗？

生活其实就是一面镜子，而我们脸上的笑容是面对生活最好的样子。尽管现实中的我们可能从事着不同的工种，但是微笑却可以成为我们共同的名片。当生活因为苦难而变得灰暗的时候，微笑就是我们生活中的一抹阳光，它就像是一把神奇的钥匙，可以打开我们心灵的迷宫。当你选择与微笑相伴的时候，其实你就选择了拥抱感恩。而当你决定了拥抱感恩，你会发现，生活其实从来没有亏欠过我们任何东西，它总是在这里或者那里给了我们每一个人都梦寐以求的幸福。或许，在我们的生活中的确会存在着一些不容易，但是，换个角度思考，至少，它给了我们生存的空间，给了我们生命的权利。这世上从没有一帆风顺的人生，因为生活总是很公平。因此，遇事就选择微笑吧，选择每天保持良好情绪，让自己掌握对生活的主动权。

人生在世，想要保持生命的活力就需要我们充满激情。激情会让我们感受到世界的美好，也会让别人感受到你的势不可挡。只有发自内心地散发出对生活的激情，我们才不会轻易对生活说妥协并屈服。而当我们拥有内心不轻易屈服的能力时，你整个人所焕发出的迷人气质会大大提升，会无形之中帮你改变很多东西。也许生活不会永远对我们展示它的微笑，但是我们自己要学会对生活报以微笑。微笑着面对生活中的一切丑恶与艰难，保持自我的淡然与笃定，不以外界的变故影响自己的良好心情，挥一挥手，潇洒地向昨天告别，坚信等待着我们的会是美好的明天。

种下快乐的种子

人生在世，总是会有这样说来奇怪的景象：那些穿着体面，看似有钱有权、什么都不缺的人仿佛整天都有数不清的烦心事，总是一副忧心忡忡的样子，反倒是那些穿着随意、看似普通平凡的人们却整天都是乐呵呵的。这样的对比与我们平常的认知虽然相违背却越来越普遍。有时候，总是会听到有人说，“等我们买房子了就好了”“等我们装修完就好了”“等我们买车了就好了”。似乎，快乐是跟这些物质财富划等号的，只有拥有了足够多的物质财富和权势地位，我们才能够让自己快乐起来。但其实，让自己快乐起来，远远比我们想象中的要简单很多。

人这一生中，什么时候最快乐？答案应该是刚刚出生，作为婴儿的那一段时期吧。为什么？因为那时的我们需求不多，总是很容易就得到满足，或许只是妈妈的一个拥抱，或许只是一个小小的玩具，或许只是一杯美味的鲜奶。而随着年纪的增长，能力的变强，似乎我们的需求也在不断地变多，想要让我们获得快乐的成本也越来越高。不约而同的，著名的现代喜剧家们都有这样的言论：做喜剧越来越难，想让人发自内心的笑出来真的好难。其实，私以为，快乐其实离我们很近，就看你怎么认知。

快乐离我们真的很近，近得就在我们简陋的阳台上，只要看到每天的太阳，我就会变得很快乐；快乐离我们真的很近，近得就在我们的书桌旁，只要每天都能够有时间让自己看上喜欢的书籍，获得内心的平静，我就会变得很快乐；快乐离我们真的很近，近得就在我们的餐桌上，只要一家人能够团聚在一起，分享美食与生活中的有趣见闻，我就会变得很快乐。由此，你发现了吗？其实只要我们的内心充满了热爱，充满了对生活的热情，充满了对人生的希望，快乐就会从我们的心底源源不断地跑出来。这一切与物质财富无关，与权势地位也无关，只跟我们的心态和情绪有关。

有一对差不多五六岁的双胞胎小朋友，他们喜欢每天在一起做游戏。有一天，他们突发奇想，认为屋外的阳光十分灿烂，自己家的卧室里却十分昏暗。于是，他们决定要把外面的阳光扫进卧室里，让卧室也跟外面一样充满阳光。

说罢，两位小朋友就决定立刻开始行动了。他们拿着簸箕和扫帚来到屋外，小心翼翼地将阳光全部扫了进去，为了不让阳光跑掉，两位小朋友还特地找了一个黑布袋将簸箕装进去。两位小朋友小心翼翼地护着簸箕往前走。然而奇怪的是，到了屋子里之后，黑布袋里的阳光就没有了。他们想，是不是黑布袋太黑了，将阳光吓跑了呢？于是，这一次他们准备了一个白布袋。然而，不管是什么颜色的袋子，每每进了屋里，簸箕里的阳光总是魔法般地立刻消失了。于是，他们就这样一而再，再而三地不断尝试。然而，令人沮丧的是，尽管扫了很多次，屋子里面还是一点阳光都没有。

正在兄弟俩冥思苦想而不得解的时候，妈妈出现了，询问他们不开心的原因，兄弟俩赶紧把发生的事情告诉妈妈并询问妈妈，是不是阳光不喜欢自家的屋子呢？否则为什么不愿意到自己房子里来做客呢？妈妈听后哈哈大笑，说道："我有办法让阳光到咱们家来做客哦。"说罢，妈妈走到窗户边将窗户打开。果然，灿烂的阳光顿时将屋子照得明亮起来，兄弟俩开心地称赞妈妈真棒。

其实，我们很多时候就跟故事中的小朋友一样，以为快乐需要我们花费力气去寻找，去将快乐“扫进来”、去收集。但其实，只要打开我们心灵的窗户，积极热情地去拥抱生活，享受快乐，快乐的阳光就可以照亮我们心灵的每一个角落，让昏暗的不幸再也无处遁形。

人生犹如负重前进，随着我们年龄的增长，阅历的增加，我们能够得到的东西会越来越多。同时，我们身上的担子也会越来越重，面临的压力、遇到的困难也会越来越多，越来越难。但是，尽管如此，生活仍会继续，生活从不会因为你今天心情不好，有点难过，就大方地选择放过你，将你的生活模式调成一般的简单模式。生活本身就是客观的存在，我们无法改变。当客观存在没法被改变的时候，我们能做的就只有改变自己，改变我们遭遇困难时的心态。只要转变一下我们的思想，最终你会发现，生活从来都不是枯燥无味的。在我们行走道路的两边到处都充满了小草和鲜花，只要我们愿意用快乐来充实我们的内心，小草与鲜花就会与我们同行。

乐活当下

我们都知道成语“杞人忧天”是荒诞没有依据的，我们在观察别人的时候也多半会知道他是不是在“杞人忧天”。而当事情发生到自己身上的时候，所谓当局者迷旁观者清，我们自己也会变成“杞人”，很多时候只是不自知而已。这样的情况经常会有，就比如我本来平白得到了一块蛋糕，应该是很高兴的。但是吃到一半的时候，突然有人告诉我：

明天你就吃不到这么好吃的蛋糕了。于是，你突然就会变得很忧伤，原本很快乐的心情也没有了。告诉你这件事情的人有错吗？当你准备就此责怪他的时候，他一定会反驳："我只是说了事实而已啊。"诚然，他说的都是事实，但还有一点他却忘了：蛋糕本来就不是我的，就算今天我没有得到这块蛋糕，对我而言也没有损失。再者，今天与明天，这是两个概念，也是两个不同的时间段，今天与明天之间并没有因果关系。因为就算今天我没有吃到蛋糕，明天我还是没有蛋糕。所以，今天得到的蛋糕本就是额外的惊喜，与明天没有关系。

因此，让我们选择乐活当下。既然活在了今天，我们也没有改变明天的能力，那就不要再为了明天而忧虑了。明天有明天的事情，明天到底会发生什么，幸运与意外谁会率先到来，我们不得而知，也没有这个本事去预知。如果在今天我们就开始为未知的明天而忧虑，这种做法最终的结果只能是给自己徒增烦恼。

曾经，有一个美丽的女孩名叫奥莉欣，她温柔体贴，善良懂事，就是有点忧郁。因为她总是觉得没有人会喜欢她，总是担心自己将来会嫁不出去。她的要求其实并不高：只求终生能够和一位英俊潇洒的男子结婚、白头偕老。为此，她每天都过得很不开心，总是一副郁郁寡欢的样子。在她眼里，别人都很幸福，唯独她自己一个人永远被幸福拒之门外。最终，朋友将她带到了一个心理学家那里接受治疗，因为相传这个心理学家可以解决任何人的任何问题。

终于，在周末的时候，朋友带奥莉欣来到心理学家所在的诊所。心理学家奥斯仔细打量着奥莉欣，发现她从头到脚裹着一身黑色，散发出冰冷灰暗的气息。奥莉欣整个人很瘦，仿佛一阵风就能将她吹倒，但是尽管这样，也难掩奥莉欣的清丽面容。一阵沉默之后，奥莉欣终于抬头望了望心理学家，她的眼神绝望而呆滞，凄凉而又绝望地说道："医生，求你救救我，我觉得自己没救了。"

奥斯赶紧请奥莉欣坐下，跟她交谈了一会儿，终于明白了她会如此忧郁的原因。最终，奥斯问奥莉欣说："你相信我吗？只要你选择相信我，并按我说的坚持去做，我就有办法让你遇到属于你的白马王子。"奥斯的语气轻松且笃定，由不得奥莉欣不信。奥莉欣半信半疑，但还是决定按照奥斯说的去做。奥斯让奥莉欣去买一套合适的新衣服，做一个得体的新发型，并邀请她在周一的晚上参加在他家里举办的一场聚会。听到"聚会"两个字，奥莉欣本能地抗拒道："你邀请我来参加干什么呢？我什么也不会做，也不认识任何人。""是这样，当晚我会邀很多朋友过来做客，但是那天晚上我刚好约了几个病人要做治疗，我想邀请你帮我接待好我的客人，如果可以的话，我也可以支付您相应的报酬。""好吧，我可以帮助您，医生。"听到是帮助别人，奥莉欣答应了医生会准时到达。

当晚，奥莉欣如约而至。她穿着一身漂亮的服装，梳着精致得体的妆发，整个人都精神焕发。看到奥斯不在，她将自己当做主人一般尽心尽责地招待到场的客人们，一会儿同客人打招呼，一会儿帮客人端饮料，忙碌地在客人们中间穿梭，整个人神采飞扬，成了当晚晚会上一道漂亮的风景线。而令奥莉欣意想不到的是，当晚会结束的时候，竟然同时有三位帅气的男生争先恐后地想送可爱的奥莉欣回家。

随后的日子里，三位男生几近疯狂地追求着奥莉欣。奥莉欣享受着被追求的快乐，面对别人对自我的肯定，整个人每天都是神采奕奕，浑身上下散发出动人的活力。最终，奥莉欣挑选了一位她认为最合适的男生结婚了。奥莉欣很感谢帮助她发现自我的奥斯，并邀请他过来参加了他们的婚礼。

婚礼上，奥莉欣对心理学家连连感谢："奥斯，谢谢你，如果不是你的话，我就不会认识新郎，得到幸福。""不，奥莉欣，其实你要感谢的并不是我，而是你自己。我只是帮助你发现了自己的优点，只要你记得活在当下，不要为了明天未知的事情而担忧，你就会永远快乐。祝你新婚快乐。"奥斯微笑着回答道。

故事中的奥莉欣明明很美丽，却因为对自我的不了解而不自信。她的问题来源于对自我的不肯定，更来源于她对未知的担忧与恐惧。但最终，只是勇敢地走出去尝试了一下，奥莉欣的问题就得到了解决。其实，我们的人生也是一样，面对未知的担忧，只要勇敢尝试就会有不一样的结果。曾经有一首歌唱道：明天就像是盒子里的巧克力，在没有吃到嘴里之前，你永远都不知道会是什么滋味。确实，一切对于未知的无故忧虑都只是杞人忧天。正如你无法改变过去，你更没有办法改变未来，我们能做的只有做好现在，乐活当下。活在今日却对明天无故忧虑，最终只会让我们的今天变得同样悲惨，除此之外也毫无益处！而想要保持快乐，就永远不要对未知的明天忧虑。

现实生活中的我们，很多时候也会同故事中的奥莉欣一样有着不切实际的担忧。我们总是会无故地陷入各种被比较中而焦虑，从而为自己未知的明天而忧虑。但其实，保持适当的危机意识是应当的，但是过度的担忧只会让我们徒增烦恼，更不要说只是一些毫无逻辑的被比较。让我们活在当下，保持快乐！要相信我们每一个人都是足够幸运的，我们有疼爱自己的父母，有保持善良的美好品德，有自己可以为之努力奋斗的梦想。这就够了，如果拥有这样的人生，我们却还不懂得去满足、珍惜的话，那就只能是我们自己的遗憾了。不论何时何地，面对什么样的艰难险阻，我们都应该让自己保持快乐积极的心态。人生中会遇到的困难挫折有很多，保持开心快乐才应当是我们永恒的追求。

第06章

养成优秀的习惯，让优点压倒弱点

一个习惯的形成始于长时间的重复练习，这是习惯形成的具体方法。生活中的我们很容易就会有一些不知不觉中就形成的坏习惯，因为“寻求一切的捷径”是我们人类的自然本能。而鲜少听说，一个优秀的习惯是在不知不觉中就能够培养下来的。养成优秀的习惯是一项需要坚持的事情，是我们大多数人都想要追求却未必都能如愿的事情，也是成功的人之所以能够获得成功的秘密所在。

注重习惯的力量

《辞海》中，对“习惯”一词的解释是：长时间逐渐形成的行为方式。而最新的科学研究也表明：一个人一天的行为中大约只有5%是属于非习惯性的，而剩下的95%的行为其实都是我们的习惯使然，长此以往，不知不觉中，有些习惯就变成了我们的个人特质，甚至成为我们个人独一无二的所在。

习惯其实说到底就是我们潜意识里的活动，正常不需要经过大脑，就像是我们人体各种软件的编程，一旦启动就会按照既定的程序演绎和推进。因此，可以说，习惯其实是一种神奇的力量，能够左右我们的行动。就好比跑步一样，一旦我们选定了一条道路，开始奔跑，一开始我们可能会很累，但是跑久之后，你会发现自己有点停不下来，似乎自己已经不再需要什么力量就能够继续跑动。而这，就是惯性的力量。

惯性对我们来说其实并没有明确的好坏之分，只是看你如何利用。如果将自己不好的行为习惯坚持下去，最终收获到的只能是一条通往毁灭的路。相反，如果选择将自己的优势长处坚持下去，最终形成的只会是自己的独一无二，只会帮自己收获到更多的机遇与希望。就好比动物界的猪和马。猪习惯了用吃饭和睡觉填满自己的生活，丝毫不会觉得这样的生活会有什么样的危机。而马儿却习惯了奔跑的生活，如果不让它持续奔跑，只会让马儿变得不再是马，也就失去了马儿生存的意义和价值。其实这并没有对错，只是各自的分工不同。但是这也能说明一点：生活习惯的不同，会造成生命的本质区别。如果跳脱出固有思维去思考，为什么猪会成为猪，而马会成为马呢？宇宙之初，生命起源的时候，它们不都是细胞吗？为什么最终会分化成这种截然不同的结果呢？实际上，这就是习惯使然。正是因为不同的习惯形成了不同的生活习性，才让猪变成了猪，马变成了马。

猪习惯了安逸，因此它理解不了马儿的坚持。然而，猪没想的是，现实其实是很残酷的，马儿连睡觉都是站着随时准备奔跑的习惯，虽然辛苦，但是却保证了马儿避免敌人袭击并且被赋予重担的使命。相反，猪看似每天都能够享受安逸，最终的结果却是长大长肥之后难逃被宰杀的命运。由此可见，推演及人，说明习惯能够对我们的命运产生至关重要的影响。

如果我们到印度或者泰国旅游的时候，经常会看到这样的场景：在不少的游乐场里面，栓住一头头重达千斤的大象的竟是一条细细的链子，外加一根矮矮的柱子。是大象生来性格温顺，所以不会想要逃跑吗？显然并不是，渴望自由应该是每一个动物的天性，无法逆转。那么，是这条细细的链子有什么魔力竟然能够让拥有巨大力量的大象挣脱不开吗？答案也不是。那到底为什么会是这个结果呢？而真实的答案令人深思：因为这也是源于习惯的力量。

原来，在大象还是一头小象的时候，训象人就会开始用一条铁链将它绑在柱子上。一开始，小象会拼了命地挣脱，但是显然，对于小象来说，这根铁链以及木桩是它怎么挣脱都无法成功的阻碍。终于，在一次次挣扎失败之后，受伤的小象便认为自己绝对不可能挣脱这铁链和木桩了。于是，小象最终选择了放弃，不再挣扎。而带着铁链生活也慢慢变成了小象的生活习惯，即便小象最终长成了大象，但是习惯已经形成，大象也没有再想过要去努力挣扎以换得梦寐以求的自由。殊不知，以成年之后的大象拥有了更多力量，其实只要稍加用力，便能挣脱掉这小小的铁链。由此，最终锁住这大象的其实早已不是这小小的铁链，而是大象脑海中“我用尽全身力气也挣扎不断，便不如放弃”这样的惯性思维了。

伟大的思想家、哲学家培根曾经说过：“习惯是人类的主宰。”的确，纵观历史上古往今来的成功人士，仔细观察他们的生活习性，你会发现他们都有着一个共同点：他们都有着令自我优秀的习惯。正是由于这些习惯的形成，他们才能够持之以恒地坚持各自所追求与从事的事业并最终大获成功。由此可见，习惯可以直接影响我们的一生。其实仔细想来，这样的言论并不算是耸人听闻，打个比方：一个人在生活当中经常喜欢发脾气，长此以往，遇到任何事情发脾气就变成了他的习惯。而习惯一旦形成，遇事要发脾气就已经变成了他的一种心理特点，至此，遇事更加地爱发脾气，渐渐控制不住。从此，变成了一个容易暴躁的人，而拥有暴躁性格的人在我们的生活中会遇到哪些困阻则是不言而喻的。因此，不要将平时的言行认为只是随意的无畏举动，其实，习惯的形成始于我们生活中的点点滴滴。在平时的言行中就对自己严格要求，将自己不好的习性注意修正，才能够不断地提升自己，最终变成越来越优秀的我们。

坚持好习惯，摒弃坏习惯

如果我们将每个人的成功比作是各自收获的果实的话，那么良好的习惯一定就是最终结成这果实的种子。就正如古希腊哲学家亚里士多德曾经宣称的："正是一些长期的好习惯加上临时的行动才构成了成功。"的确，纵观自古以来的成功人士，他们每个人的成功都与其自身的良好习惯密不可分。毫不夸张地说，好习惯是我们成功的发源地。因此，我们应当想尽办法将自身的良好习惯坚持并延续下去。

现实生活中，经常会听到商场上的大佬们"放话"："即使现在这个项目失败了，也并不代表我的人生一败涂地。只要还有一丝机会，我很快就可以东山再起。"而通过他们的经历分析这些"大佬"能够这么果敢的原因，主要还是在于他们养成的良好习惯锻造成的果敢性格，而这性格注定了他们不轻易向命运屈服，不断抗争的人生特质。就像石油大王洛克菲勒曾经说过的那样："即使你们把我身上的衣服剥得精光，一个子儿都不剩，然后把我扔在撒哈拉沙漠中心的地带，但只要给我两个条件——给我一点时间，并且让一支商队从我身边经过，那要不了多久，我就会成为一个新的亿万富翁！”我想，一个人该需要有多么强大的内心才能够有这份自信果敢呢？

良好的习惯可以说是我们成功的发源地。试想，人类天性喜欢懒散自由，良好的习惯养成考验的不光是人类对自我本能的自制和约束，更有对是否能够持之以恒坚持下去的忍耐和决心。由此佐证，最终能够养成良好习惯的人必定是有着强大内心定力以及坚定信念的人。而我们做任何事情，只要有坚定的信心以及持之以恒的努力，最终必定能够收获属于自己的成功。

一位记者曾经对一群参会的科学家们做访谈。记者问到这样一个问题：“能够分别说说你们当时是在哪所大学，哪个实验室学到了人生中最为宝贵的东西吗？”当时，有一位白发苍苍的老科学家出人意料地回答道：“是在幼儿园里面。”记者询问详情，只听老科学家回答道：“将自己的东西分享给其他的小朋友们，不是自己的东西不允许拿，玩过的玩具要收拾整齐放回去，吃饭前要洗手，如果做错了事情一定要及时承认并积极改正，午饭之后要休息，要注意观察周围的大自然。从根本上来说，我认为我们所有人的成功都源自于幼儿园时学到的这些良好习惯。”

老科学家的回答获得了在场与会科学家们的普遍认同，大家纷纷点头表示认同，并分享出自己类似的经历，气氛一度变得非常热烈。只听另一位科学家有感而发，说道：“在实验室里面，是没有‘我’，只有‘我们’的。我们所获得的一切伟大成果都属于‘我们’，而不是某一个‘我’。而这种团队群体意识也源自于我们小时候学到的

‘分享’习惯。”

世界著名的伟大发明家爱迪生，他一生共创造了1093项发明，包括有广为人熟知的白炽灯泡、留声机、电影等。这么高产的成就可以说是让很多发明家们都望尘莫及，而爱迪生将他自己能够取得这些成就的原因都归结于勤于思考的习惯以及“玩过的玩具要收拾整齐放回去”这一良好的生活习惯。他曾说过：“我们的大脑其实跟我们的肌肉一样，都可以通过勤于思考来锻炼和开发。”没错，生活中的我们也经常会发现这样一个事实：大脑总是越用越灵活，思维总是越训练越活跃。恰当的锻炼能够将我们大脑的思维活跃程度提升到最高，不断开拓我们大脑的容量，并有可能使我们获得新的能力。据曾经在爱迪生工作室工作过的一个助理回忆：不管再忙，爱迪生总是会将实验室收拾得井然有序。就连如果有人不小心将烧杯摆放的方向与之前稍有偏差，爱迪生都会严肃指出：最小的一点错误有可能会导致最大的损失。由此可见，不论你觉得多么小的细节，其实都是你自身习惯的养成。并且，这种小节的习惯有可能会影响你的一生。因此，从身边的小事做起，养成良好的行为习惯并将这种优秀习惯根植于我们的脑海中，帮助我们获得人生的成功。

优良的好习惯能够帮助我们插上成功的翅膀，飞往成功的天堂。不好的堕落习惯就像是阻碍我们前行的沉重锁链，会将我们拖至地狱的深渊。有人曾说，得不到的事物最为可惜。而我认为，明明自己拥有并需要，最终却未能得到利用的事物才是人生最大的遗憾。就好像当你觉察到自己就像是泰国游乐场里的大象，已经被一根小小的铁链束缚住自己的自由时，尽管内心怀抱着对自由的无比憧憬与渴望，余生却未曾敢再从过去的失败中挣扎一次。殊不知，自己其实早已不是当初的“小象”，只要稍加用力，就能挣脱这细细的铁链。这自由的钥匙其实一直都在自己的手中。

持之以恒，改掉自身坏习惯

身为普通人，每个人的身上都或多或少有一些坏习惯。不论我们有着什么样的坏习惯，都必须要想办法改正。改正的过程中，或许，我们会遇到很多这样那样的问题，毕竟，冰冻三尺，非一日之寒，想要短时间内快速地将我们身上所有的恶习全部改正，的确是一件很不容易也很不现实的事情。但是，不管改正有多难，我们都必须要有克服万难的勇气和决心。

很多时候，细节决定成败，的确不是说说而已。或许你认为只是一件小事，没有必要太过紧张。但是，很多时候，坏习惯其实是一个人身上藏不住的一种缺点，是通过个人潜意识表现出来的自动化的行为，自己看不见或者没感觉，却不代表别人也感受不到。很多时候，即便发生的行为并不一定是你自己所希望的行为，但是一旦成了习惯，即便身不由己，也有可能在不经意间铸成恶果。因此，一旦发现自我的不好习惯，一定要及时改正。

对待坏习惯，唯一的办法就是养成良好的习惯取代它。其实，只要你有信心，有毅力，经过一段时间的坚持与努力，一定还是可以办到的。

小凡喜欢晚睡晚起，经常熬到半夜，然后第二天早上又睡到日上三竿，整个人经常都是懵的。长此以往，竟养成了懒散拖延的习惯，不论再紧急的事情，都提不起自己的紧迫感，已经严重影响到了自己的工作与生活。后来，小凡意识到自己不能再这样继续下去了，所以下定决心准备改掉这个坏习惯。

说改就改，某天晚上，为了改掉自己的坏习惯，小凡当下决定立刻睡觉，第二天再早点起来跑步。可是生物钟哪有那么容易调整过来呢？平时这个时候，自己正在玩电脑游戏，结束之后还要再吃顿宵夜才会开始洗澡睡觉呢。无数次，小凡拿起手机又放下，在床上翻来覆去地久久难以入睡。每每要起来玩电脑的时候，小凡就告诉自己一定要忍住，最终，小凡决定去找一本书学习。

尽管有些艰难，当晚的时间也就这么度过了。第二天早上，小凡准备起床跑步，并打算坚持一个月，以此不仅能够彻底改正自己的坏习惯，还能顺带锻炼自己的身体，一举两得。

设想是美好的，执行的过程却有些磨人。正值寒冬，温暖的被窝对小凡有着近乎致命的吸引力。小凡在床上挣扎了很久，最终，想到自己的决心，还是决定按时起床。冒着寒风出门跑步的确也不怎么令人向往，但是小凡还是凭借着坚定的意志坚持了下来。

一个星期之后，情况有所好转，起床已经不再那么是令小凡痛苦的事情了。出去跑步也不再感觉那么累。就这样，小凡不断地鞭策鼓励自己，终于坚持了一个月。一个月下来之后，每天按时起床对于小凡来说已经不再是一种任务，而是一种习惯了。如果按时不再起床，反而会感觉哪里不太对劲。由此，小凡成功改掉了自己身上晚睡晚起的坏习惯。

其实小凡的事例很普通，却是我们生活中经常会遇见的。小凡的坏习惯说来也很普遍，我们每个人的身上都或多或少的有他的影子。生活中的我们也跟小凡一样，经常会给自己制定一些目标，力求成为更好的自己。然而，你会发现，并不是每一个人都能跟小凡一样取得最终的成功。而仔细观察，你会发现，没能取得成功的人，大多都是意志力薄弱，缺乏自信的人，他们甘愿做习惯的奴隶，从未想过要通过自己的努力改变这种被动的状态。或者，尽管某些时刻有所顿悟，却还是败在了改变的过程当中。

因此，人生最大的敌人其实只有我们自己。改掉自身的坏习惯其实就是一个战胜自我，征服自我的过程。这是一场与自我之间有关力量以及决心的较量，谁是最后的赢家其实也是取决于你自己。因此，只要我们找对方法，培养新的习惯取代旧的坏习惯，并且，一直对自己充满信心，不论再难，也坚持改正，长此以往，一定可以达到自我的要求。或许，人生中有些坏习惯的确不是一下子就能立刻改正的，需要我们花时间慢慢修正调节。但是，就好比戒烟，某天你想要彻底戒掉抽烟的习惯，但是出于生理还是心理的需求，不管怎样，都无法让自己立刻放弃。但至少，你要拥有坚定的戒烟信念。从每天少抽一根做起，逐量减少，直至最终戒除。这个过程中，你会遇到诸多困难，但是，你会发现，最难克服的不是来自生理，而是来自我们的心理。

保持危机意识，让努力成为习惯

古语说："生于忧患，死于安乐。"这其实是很好理解的一件事情。因为仔细想来，我们每个人的人生其实都是这样。生活中取得最后成功的人大多都是时刻保持危机意识的人。有这样一个有趣的设想：

话说武松，自从在景阳冈大显神威，打死吊睛白额老虎之后，名震天下，成为了全国闻名的大英雄。十年之后，景阳冈再度被恶虎霸占，十数人因此而丧命。这时，有人想到十年前是武松打死了老虎，景阳冈才恢复了太平。这次，何不再请一下武松呢？就这样，武松受到乡亲们的邀请，欣然再度出山，准备帮乡亲们解决老虎之患。武松在喝了三碗景阳冈牌白酒之后，踌躇满志地上山了。这时，设想一下，会有什么样的结局呢？

细想一下，其实无非两种结果：第一种结果是武松再次赢了。武松在第一次打老虎赢了之后，回去仔细分析了一下老虎攻击的特点，勤奋练习，发明了一套打虎拳，十年之后终于再次有了用武之地。于是，这次，不费吹灰之力，三下五除二就帮乡亲们解决了虎患，再次为民除害，成为了更受瞩目的打虎英雄。第二种结果自然是武松输了。武松在第一次打老虎赢了之后，趾高气昂，将偶然获得的成功当成了自己必然的成功，回到家乡之后，不思进取，每天虚度光阴。结果在第二次打老虎的时候丧失了危机意识，掉以轻心，结果落入虎口，成为了老虎的口中食。

这两种结果有点极端但也在情理之中。时刻保持危机意识，其实是我们每个人在这个社会上得以生存下去的重要原则。时代在不断地进步，很多你猜想可能不会再有用的技能说不定在未来的某一天就会再次派上用场，所谓“技多不压身”说的就是这个道理吧。仔细品读很多名人的成功传记，都会发现这样一个道理：我们要想在事业上不断发展，就必须时刻树立这样一种意识：人生中的危机时刻是每个人都逃离不开的，说不清楚什么时候就会来到我们的身边。而只有时刻保持危机意识，不断积极进取，我们才能不断进步，不被社会淘汰。因此，毫不夸张地说，危机意识是我们自身获得发展的原动力。

或许有人会说，如果可以舒舒服服地生活一辈子，为什么还要让自己那么辛苦呢？诚然，如果你真的能有足够的资本可以保证自己能够安然地生活一辈子，的确是一件值得庆幸并且幸福的事情。但是，能够达到这样的条件的人有多少呢？再者，即便有这样的物质条件，那我们就不应该有点精神追求吗？我们的人生难道就应该这么毫无价值地度过了吗？其实，越是优秀的人越是懂得努力，越是到达了物质顶端的人越明白人生的真正意义所在。

人不光是要好好活下去，而是要好好生活下去。生活对于任何人来说，其实都是一道略显艰难的命题。不论你是处于社会的什么阶层，人生的什么阶段，其实，我们都有各自需要面对和解决的不同难题。小的时候觉得长大了可以自由自在地过自己的生活，想买什么就买什么，想吃什么就吃什么，不再有父母的约束。长大了才明白，其实在父母的怀抱中才是人生中最舒服自在的时候。或许，这样的言论未免有些悲观，有点极端，但却很真实。生活对任何一个人都很公平，它从不会因为你是谁谁谁的儿女而对你另眼相待，即便现实社会中，有那么一些个“幸运儿”的存在。但是，请你不要忘记，没有任何人的钱财是大风刮来的，天上也从来不会掉下馅饼。他们的幸运其实也是来自于他们父辈的勤奋努力所带来的物质和精神积攒。因此，即便他们有能够挥金如土的资本和权利，但是他们更懂得：只有依靠自己的努力，才能够永远保持自身的优秀。而我们应该羡慕的从来不是他们所拥有的物质财富，而是他们拥有的精神高度。

一个人的生活状态常常与心理状态有关。如果一个人对生活的预设就是“苦”，对事情的预期都是“坏”，他就会沉浸在愁苦里。因此，时刻保持危机意识，在平时的生活中就保持自己努力勤奋的状态，形成人生积极向上的生活习惯，试着去相信美好的东西，相信自己的能力，相信努力有意义，相信生活可以很精彩，幸福就会慢慢来敲门。

不是全才，也别做庸才

每天太阳升起的时候，非洲大草原上的动物们就开始奔跑了。每到这时，狮子妈妈就会不断地鼓励小狮子们：“孩子们，你们看到远处的羚羊群了吗？你们已经跑得很快了，但是还是要继续跑得更快，再快一点，直到能跑过最慢的羚羊，这样，你们才能保证自己不会被饿到。”而在草原的另一端，羚羊妈妈们则这样教育自己的孩子：“孩子们，你们必须要跑得快一点，再快一点，如果你们不能跑得比最快的狮子还要快，你们就一定会被狮子吃掉，所以你们一定要让自己跑得最快。”

我们的人生其实就是这样，每个人在出生的时候就注定了会有不同的命运。或许，从本质上来说，我们的生命原本都是一样的，但是随着我们身处环境的变化，有的人最终成了狮子，而有的人最终成了羚羊。我们的躯壳不一样，所处环境不一样，但是生存下去的条件却是一样的。无论你是一头狮子，还是一只羚羊，想要获得生存的权利，就需要我们不断地加快自己的奔跑速度。优胜劣汰，适者生存，现实中的社会往往就是这么现实：想要生存下去，只有以最快的速度，跑在队伍的最前面，才能立于不败之地。而对于草原上的动物们来说，奔跑不光是它们的行为习惯，更是它们能够获得生存的竞争条件之一，是它们求生的本能。或许，正是因为如此，它们才能够将奔跑这个行为习惯练就到无与伦比，将快速奔跑的力量发挥到极致。

对于我们来说，尤其是身在职场，面临的情况其实也是一样的，自我的实力是我们唯一可以放心依靠的靠山。每每听到有人中了彩票的时候，每每吐槽我们因年轻而略显艰难的人生的时候，每每遇到很多客观的无可奈何的时候，总是能够听到这样一个段子：“何以解忧？唯有暴富！”仿佛我们人生中的所有困难都来自于物质财富的缺乏。诚然，我们人生中的绝大部分问题的确能够依靠物质财富的积累得以妥善的解决，我们也没有必要排斥人生中突然而至的幸运机会。但是，却不应该将这幸运的可能当成人生的唯一与必然。

很多时候，我们都希望能够投机取巧，能够用最小的投入获得最大的收获。这是人性使然，也无可厚非。但是，很多时候，你会发现，即便我们利用一些个人的技巧得到了自己想要的，也不一定就会感到真正的快乐。因为，人生中真正的快乐从来都是来自于我们对自我发自本心的认可，而不是来自于别人的艳羡目光。想要获得人生真正的快乐，想要在自己的职场中取得成功，我们只有不断增强自我的能力，增强属于我们自己本身能够随处携带的软实力。而想要获得真正的属于自我的软实力，一切都必须是真实的付出，免费的午餐不仅廉价而且数量有限。

这世上从没有完美的人生，也没有完美无缺的个人。我们每个人都有自己的独一无二所在和不可勉强的客观缺陷。虽然我们提倡“技多不压身”，但我们更应该鼓励“发挥自我优势，规避自我缺陷”。没有人能够成为无所不能的“全才”，但是我们可以找出自我的优势，持之以恒，让这个优点发扬光大，成为我们独特的魅力所在。不管是在个人生活，还是在我们的职场中，我们都必须勤学苦练，不断地壮大我们的核心实力。这样，不论我们在什么样的职场环境里，遇到什么样的高手，我们都能够有足够的资本大显身手。

有这样一个道理：一桶再新鲜的水，如果放在那边不使用，不久就会变成一桶臭水；同理，我们的大脑并不会越用越笨，相反只会越用越灵活，越思考越有想法。身处职场也是一样，一名优秀的员工，如果不能经常改进自己的工作，很快就会被时代所淘汰。曾经我们所擅长的事情并不代表可以擅长一辈子，想要让自己在行业内一直处于领先地位，就一定要让自己时刻保持学习，让学习成为自己的一种常态和习惯。诚然，我们并不是十全十美的全才，但是却可以通过不断的努力学习让自己变成拥有一技之长的人才。生活在这个充满一切可能的世界中，我们可以承认自己的平凡普通，却不能甘愿自己的平庸。平凡在于这个大众世界，平庸却决定于我们的内心，只有打从心底里的努力与自信，才能够成就平凡生活中不平凡的我们自己。

第 07 章

给自己适当约束，别因散漫让自己失去机会和效率

很多时候，经历越多便越会明白：人生路上的很多机会总是稍纵即逝，我们再也不能像小时候在爸妈身边为了索要某样东西而完成任务一样，失败了大不了再来一次。那时候的我们很奢侈，总是拥有无数次的尝试机会。而这无数次中，只要成功一次，我们便得到了追求的成功。长大以后，我们才发现，社会从来不是父母，没有人有耐心给你无数次的机会，更可怕的是，对于那唯一的一次机会，你发现你也从来不是那个可被选择的唯一。没有人愿意主动吃苦，所以不要指望你会在没有约束的情况下完成自我的逆袭，成功路上的第一步，让我们学会给自己适当约束，不要因为散漫而让自己错失了成功的机会。

每个人的心里都有一只“小恶魔”

我们每个人的心里面，都住着一个小恶魔。这个恶魔很奇怪，它并不想要我们的生命，也不想要我们的鲜血，更不要我们拥有的一切财富。但是它却存在于我们每个人的心中，从出生到走向生命的终点，总是时不时地在关键时刻出来捣蛋一下，看到我们因失败而越来越沮丧，它就会越来越强大并以此为乐。它并不是面目狰狞的撒旦，而是存在于我们每个人心目中自私、焦虑、虚伪、愤怒、骄躁的结合物；它并不是实体意义的存在，而是存在于我们的精神世界里面。因为它的出现，很多时候，即便你不这么想，事情却总是愈演愈烈，最终一发不可收拾；它的出现并没有特定的启动程序及按钮，却能够让我们整个人歇斯底里，在爆发的当下仿佛整个世界都在崩塌：平日里和你血浓于水的亲人，因为它的出现，不再是温情动容的所在，而是反目成仇的人间悲剧；和你情同手足的朋友也有可能会因为它的出现而渐行渐远，最终你们深厚的友情竟荡然无存。

这个恶魔有个更加浅显易懂的名字——情绪失控。回想起前段时间看到的一个新闻：一名女子同自己的丈夫吵架，一气之下想要开车离开。身为丈夫的男子极力劝阻，不惜用自己的身体挡在车辆的前面，想要用自己的生命逼迫女子停下车辆，不再离开。然而，令所有人没有想到的是，女子却怒火中烧，猛踩油门，最终的结果就是丈夫当场被撞死。下车后的女子呆若木鸡，失声痛哭。一时的情绪失控就犹如被恶魔占据心灵的当下，虽然短暂，但却足以毁掉一切美好的事物。而面对生活中一切令自己愤怒却能够将自己的情绪控制良好的人，无疑是拥有强大的自制力以及极高的情绪管理能力的人。相反，一个缺乏自制力的人就犹如一台失去刹车控制的机车，随时都有可能变得疯狂。就好比在闹市区中高速行驶的汽车，失去了刹车和方向盘的控制，最终的结果只会是车毁人亡，伤及无辜。生活中的我们总是会有这样的经历：一个容易情绪失控的人，通常并不能够结交到真诚的朋友。并且，他们也并不像所展现出的那么强硬，反而非常容易被别人打败。试想一下，一个因为一点小事就迅速变得脾气暴躁的人，能够做成什么大事呢？因此，这样的人通常会被周围的人拒绝，成为生活圈中的一个孤独者。

丹迪也可出生在德州，是个土生土长的德州人。他原本是大家公认的一个“好人”，因为他是洛杉矶市的一名义工，闲暇之余总是去医院照顾病人，推着他们出去晒晒太阳，陪他们聊天。此外，他还会主动去当地最为拥堵的地段疏导交通，只是为了人们能够尽快通行。同时，他还是一个非常富有爱心的人，收养了十几只道路上的流浪猫和狗。因此，认识他的所有人都认为：“丹迪也可是一个十足的好人，如果美国只剩下这一个好人，那非丹迪也可莫属。”

但是，就是这样一个好人，却做了一件令所有人都意想不到的事情：在华尔街的示威游行现场，游行的人们遇到了政府的阻碍，当地警察命令他们立刻停止游行。丹迪也可瞬间仿佛被施了魔法，猛地朝警察的防爆车冲了过去，猛踢车的侧面，想要强行打开车门。而在强行打开车门没有成功之后，他捡起地上的木棍，用尽全身力气向车窗砸过去。疯狂的举动直到警察赶来，用枪指着他，命令他停止并立刻趴在地上。

你看，从一个众人称赞的好人到一个游行现场的暴徒，丹迪也可切换得如此令人意外却又仿佛理所当然。这并不是说明丹迪也可的伪善，平时的“好人”模样都是装腔作势，而只能说明身为人类的情绪多样性。当丹迪也可成为一名善良的义工的时候，这是他最基本的正面人格。但是这个人格很脆弱，并且具有盲从性，极易被外界的环境和氛围所引导。因此，当丹迪也可看到别人的情绪很激动的时候，他自己也随大流地失控了。如此，丹迪也可管不住自己的情绪，便也管不住自己的行动。而他之所以会在集体的行动中盲从，就是因为他对于“别人激动的情绪”没有自己的判断。因此，你会发现，一个容易经常性情绪失控的人，往往是面对突然情况没有基本判断能力的人，他的头脑中没有赖以判断的依据。尤其对于自己，他们缺乏审视自己的言行与当负面情绪来临时及时调整的力量。

其实，我们每个人的心中都住着一个“丹迪也可”。生活中总是有很多的事情容易让我们情绪激动，如果没有强硬的忍耐力以及自制力，我们总是很容易的就会生气、愤怒以及做出不可思议的行为。而这时，能否控制好自己的情绪通常是通往成功路上的一个重要选择。如果你没有足够强大的自制力来控制好自己的情绪，你便有可能失去了更好的沟通协商的机会，为自己通往成功的路上又增添了一名未知的障碍。反之，如果这时，你能控制好自己的情绪，就事论事，用理性的行为妥善地解决并处理好当下的意外，渡过危机，你便又获得了一份强大的控制能力。学会自制，学会控制自己的情绪，学会控制我们心中的“小恶魔”。

应对外界干扰，你需要学会计划

当你想要制订一份计划表的时候，总会有其他的声音告诉你说：计划总是赶不上变化，因此，我们要做计划表干嘛呢？反正，每次的行动也不会真的按照计划表来实施。然而，事实虽然如此，但不知你有没有发现：有无计划表，我们的人生还是会有些微不一样。没有计划的时候，面对突然而至的变化与意外，我们有可能会因为大脑瞬间一片空白而呆住，也有可能会因为抵挡不住生活中的诱惑而暂停事件的实施。而当有那一个计划表存在的时候，虽然极有可能，面对诸多的突发意外，我们会发现原先的计划表不再适用，我们需要更正原先的计划表，但是我们却不会立刻暂停掉手中的事件。变化改变的只会是过程的操作，却不会轻易改变结果的导向。因此，我想要告诉你：我们的时间应该被计划，我们每天都应该给自己一个“黄金时间段”。我们无需精确并且强制自己执行到生活中的每一分、每一秒、每一件事情的具体分钟数，但是，我们应该做到有所计划。当意外突至的时候，我们可以改变或者延期，但是绝不会三分钟热度一样地结束。

你要知道：一个人成功与否，最大的差别就在于对时间的利用。当你在看剧的时候，别人正在看专业书；当你在享受的时候，别人正在加倍努力；当你在为了荒废时间而后悔的时候，别人正在更正自己的计划表并因此而获得满满的成就感。这样的情况下，当别人获得成功的时候，你连提问“凭什么”的资格都没有。这世上最公平的事情就是每个人生来一天都拥有同样的24个小时，有人利用这24个小时获得了这样那样的成就，而有人拥有同样的24个小时，却只得到了荒废与蹉跎。而这其中，有无你人生中的计划表，至关重要。

当你意识到时间必须被充分利用的时候，你就会明白制订一份计划表的重要性。很多时候，当我们初次为自己制定一份计划表的时候，总是会遇到这样那样的突发干扰，而导致自己并不能真正完全地按照这样的一份计划表去实施。这时，我们需要学会调整，学会从已有计划表的真正实践过程中寻找真正适合自己的规律，并以此来调整原先的计划表，而不是简单粗暴地就此选择放弃。好比你为自己制定了第一份时间计划：每晚抽出两个小时的时间来阅读、思考或与家人朋友进行一些有意义的讨论。一开始的时候，可能因为诸多综合因素的影响，你会没有明确的目标与确切的时间点。比如，每晚的这两个小时到底是7点到9点还是8点到10点，你无法得到一个精准的时间段。但是亲爱的宝贝，当你将“每晚两个小时的思考讨论”这一项事件列入每日计划之后，或许你也会加班到晚上9点，或许有时你可以提前结束一天的工作，但是等你每日如此，坚持一周甚至更长的时间之后，你有可能就会发现你找到了自己的时间规律：每天傍晚7点半到9点，可能是你最佳的工作时间。有可能你还是没有发现规律，但是你会发现通过每晚两个小时的思考，自己总是有所收获。而如果你没有尝试，就永远不会有任何收获。

当一份计划突然实施的时候，我知道最难的就是坚持下去。但是，你要明白：这是我们每一个人都必须要经历的一个阶段。而只有自己去尝试、与自己磨合，才能尽可能地让这份时间计划表变得合理，最终成为真正属于你自己的人生计划表。随后，你就会发现：你的人生似乎正在发生着一些改变。而在你坚持数年甚至更久以后，你就会发现，成功正在向你招手。你可以感受到自己体内发生的巨大变化：你不再每天抱着手机、电脑“奋斗”到凌晨不肯休息，而是拥有了能够很好地控制好自己行为的能力与技巧，并且拥有了更加自信的人生态度以及积极生活的心态。

当你具备了一个良好心态的时候，你总是更容易就能够保持不急不躁，面对棘手的问题也可以更有思路和方案，在关键问题的处理上也能够更加的果断与精准。而心态很差的人经常都会因为一些细节的变化而影响自己的心情，从而影响自己对全局的掌握和判断。这样的人，通常一点小的干扰就能够毁掉他们所谓“伟大”的计划，让他的努力功亏一篑。而长此以往，心态差距而导致的人与人之间的差距所造成的命运不同就会完全显现。所以，学会为自己制订一份合理的应对外界干扰的时间计划书，在这时间段内充分利用属于我们自己的“增值时间”，让自己学会从容不迫，处变不惊，我们的人生必定会是另一番完美模样。

给自己的承诺请说到做到

不知你有没有发现这样一个事实：不管是在历史的长河中，还是在现代叱咤风云的各界社会名人，几乎所有杰出的人都有着一个共同的优点：敢于对自己的承诺负责。其实不需要仔细思考，我们也可以试想得出，如果一个人连对自己的承诺都无法兑现，又谈何指望他对别人的承诺说到做到呢？放大到人生当中，其实也很好理解：一个人说到的事情并不能百分百地做到，基本也就可以判定此人相较而言缺乏基本的自制力，而一个没有自制力的人在面对许多问题的时候必然更加容易逃避与推卸，因此而失去一些成功的机遇也是未尝可知的事情。因此，显而易见的是，对自己的承诺都无法兑现的人相较而言更难获得成功，这一切也就是顺理成章的事情了。

有一个叫大卫的小朋友，在他9岁那一年，发生了一件令他终身难忘的事情。有一次，他路过一家商店的橱窗，看到模特脚上一双有皮毛的鞋子，样式很别致，从来没有见到别人穿过。这双鞋的价格蛮高，大卫很喜欢，便向父亲索要，而父亲看了一眼便觉得这双鞋子并不适合他穿，但是大卫真的非常想要这双鞋子，于是为了说服父亲给他购买，他向父亲承诺，买回来之后，自己一定会穿这双鞋，并一直穿到鞋子小了为止，并且为了向父亲证明自己的决心，大卫还将自己其他的鞋子送给了弟弟妹妹。

等到父亲将鞋子买回来以后，大卫才发现这双鞋子其实是一双木鞋，是鞋店专门用来做出样展示的。这双鞋子穿在脚上不但不舒服，而且还会发出很大的响声，每走一步就会发出“咔哒”的声音。年幼的大卫本想满足一下自己的虚荣心，却没想到在同学面前丢尽了脸，因为这双木鞋，全校同学都认识了他。为了使声音小一点，他走路时不得不尽量将脚步放到最轻。一个同学建议他换上一双更为舒适的鞋子，并愿意借给他一双鞋子，但是都被大卫拒绝了。大卫认为父亲已经按照和自己的约定买回来这双鞋子，那么他就必须做到自己对父亲的承诺，一直将这双鞋子穿到穿不了。最终，年幼的大卫遵守自己的诺言，一直将这双鞋子穿到自己的脚已经穿不进去才开始更换其他的鞋子穿。

这件事情对大卫的成长产生了极其重要的影响，让他明白有可能自己所做的承诺会带来自己意想不到的责任和后果。因此，在给出承诺之前，自己一定要仔细思考有可能的后果。成长过程中，不管遇到了什么样的艰难困阻，大卫都始终坚持：不管大事小事，无论事情结果的好坏，属于自己的事情都必须要处理好。而正是这样的坚定与强大的自我控制力，大卫最终成为了一名备受别人信任的伟大经济学家。

很多时候，我们许多人似乎都会很草率地给出一个对别人的诺言，比如，“我答应你，一定在周五之前完成”“放心吧，我一定按时完成这个项目”等。当别人有所要求的时候，当你想要夸下海口显示自己无所不能的时候，也请你明白实现这个承诺所需要的勇气与困难，想清楚之后再做出你的承诺。你要知道，与其夸下海口以显示自己的无所不能，不如遵守诺言更能显示自己的可信任度以及令人折服的人格魅力。所以，当你能够对自己的承诺坚持到底的时候，实际上，我们是在对自己说：“我要变得越来越强大，直至任何的意外与突发都无法破坏我内心的平和。”而真当任何的事件都无法破坏我们内心的平静与安宁的时候，我们已经变得不再需要被督促，我们已经可以没有任何困难地遵守与执行对自己的诺言。

对自己的承诺其实就是对自己目标确立的坚守。当你在前进路上感到迷茫的时候，不妨暂且停下前进的脚步，仔细思考，总结过去的生活中你所取得的最好成绩，认真总结自身的擅长之处与存在的缺陷。根据曾经自己能够达到的最好成绩，合理制定未来前进的目标；根据自身的优势与劣势，明确最终想要投入并达成成就的方向；根据说到就要做到这一坚定的人生信条去贯彻与执行。以此，当我们为自我的每一天、每一个星期、每一个月、每一年甚至这一生明确好自己的目标之后，如果我们能够将这些目标坚守并执行好，我们离成功还会远吗？请你相信，就像是植物的种子一定需要有雨水的滋润以及阳光的照耀，最终才能够破土而出、发芽长叶、结出硕果一样，人类的生命之花也必须要有坚定的目标以及说到做到的稳步执行，才能够长久绽放并越开越美！

行动是最高效有力的选择

生活中我们都有过这样的经历：身边似乎永远有固定的同事或者朋友在说着减肥这件事情。通常，她会不停地告诉你：“明天我要开始减肥了。”但是，在一个月或者一年甚至更久以后，你听到的还是这句话：“明天我要开始减肥了。”她仍旧是在希望自己能够做什么，而不是已经在做什么。而通常，我们发现，真正具有执行力的人却并不会着急喊出口号，他们总是在已经做完的时候不经意间留给你一个令你艳羡的背影。

无论是多么显赫的背景，拥有多么良好的先天优势，每一个选择之所以能够获得成功都是需要依赖行动来实现，每一个选择的好坏与成功与否最终都需要我们的行动来进行验证。因此，请你明白，行动远远比计划重要，行动也远远比方向更重要。没有了行动来实现，再好的计划，再适合的方向，一切都不过是水中月，镜中花。因此，请你记住：当我们已经有所选择的时候，获得成功的下一步关键就是怎样行动。做出选择只是迈向成功的第一小步，而失去行动支持的选择就什么都不是。只有将自己的选择落实到行动中，拥有一个高效有力的行动过程，才能真正展示出属于我们自己的力量。

当询问身边的朋友同事们，他们的人生目标是什么的时候，大部分人的人生目标看起来都很相似，例如“迎娶白富美或者高富帅，走上人生巅峰”“拥有良好的交际圈，建立良好的人脉关系”“鼓励和加强所在的团队精神”“减肥”“戒烟戒酒”，等等。我们每个人都有积极向上、适合自我的人生目标，这表明每个人其实都明白自己应当做什么，也很清楚地知道为何要这么做以及如何做。但偏偏最后真正能够实现目标的人只有那万分之一，而实现不了的绝大部分原因都在于无法拿出实际有效的行动。而仔细思考就会发现，这些人似乎理所当然地认为，只要定下目标就意味着这些目标能够自动实现。显而易见，这样的逻辑并不成立也并不正确。否则，这个世界上怎么还会有那么多嗜烟以及酗酒的人呢？所以，事情成功的关键还是在于最后的执行是否到位。而很多人在制定完目标之后还会失败的原因就在于，他们往往没有触及到一个执行的问题：即为什么我定了目标之后就是做不到？而原因通常也很简单：要想达到最终的目标，完成已制订好的计划，我们需要下定决心从现在开始，改掉不好的习惯做法，并将新的正确的做法坚持地执行下去。而这些改变可能会让你感到不舒服以及不方便，而这时，只有不断的忍耐与坚持，我们才能收获到坚持到最终的好处与成果。

人生的目标往往是一种要么做到、要么做不到的东西，并不存在着折中的可能性与可实现性。就好比你想要降低换上肺癌的几率，你就得放弃抽烟，而每天抽半包烟与一包烟实际上并不会有多大的差别；就好比你想要追赶上前方的竞争对手，全力以赴向前奔跑与大差不差，开心就好这样的态度能够达成的状态是截然不同的两个高度。因此，如果想要实现我们的人生目标，我们必须要抛弃掉“大差不差”，而要学会持之以恒地用尽可能高的标准来做到最好。这注定是一种永久性的改变，而不会是一场临时性的运动。因此，选择的关键从来就不在于设定什么样的目标，而是在于最终的执行，即我们需要怎样才能实现目标的问题。

当你对所处的当前感到迷茫并不知所措的时候，当你对已经开始的行动感到坚持不下去的时候，当你不明白未来的前进方向该往哪里走的时候，请你静下心来仔细思考并扪心自问：“我应该永久性地改变身上的哪些坏习惯？”“我应该解决掉自己身上的哪些问题？”“我们需要对自己制定什么样的纪律和奖惩措施？”当你能够静下心来仔细思考这些问题的时候，你就可以想清楚你需要克服的自我困难是什么，你就可以对自我的人生应当如何进行约束这个问题达成基本的认知。而一个对自我人生无法达成认知的人，对自我的人生目标只能是自我欺骗的手段与奢谈而已，因为你其实根本就没有打算为你自己的人生目标付出任何自我约束的代价，不是吗？

行动远远比选择要艰难得多，想要实现目标需要付出超出你所想象的努力与精力。因此，请不要将行动当成是一场简单的游戏与运动，而是要将它看作是一次没有回程的旅行，用坚持到底的忍耐将行动当成是每日的必修课，最终形成自然的习惯。

从点滴开始做出有效的改变

不知你有没有听说过这样一个神奇的公式：1.01的365次方是37.8，1的365次方是1，0.99的365次方却是0.026。因此你看，同样都是相差0.01，进步与后退之间在三百六十五天之后却发生了质的改变。我们可以假设1是指原地踏步，那么按照这个公式，一年之后，你还是在原地踏步；而我们假设1.01是指每天进步一点点，那么持续一年之后你的结果就将是37.8，整整比1大了37.8倍；同样的道理，我们假设0.99就是每天退步一点点，结果却骇人听闻地变成了0.026，这就表示你每天的一点小退步在一年以后却形成了巨大的改变。同样是“1”的起点，每天进步一点同退步一点，在一年的累计之后却发生了翻天覆地的改变。这其实就好比我们人生的路程，每天多做一点与少做一点，其实结果是完全不一样的。或许，我们每天坚持的一件小事并不能在当下的这种短时间内看到成效，但是长此以往，只要坚持下去，积少成多，最终一定会带来质的飞跃。或许有人会说，那就一直原地踏步好了。其实，身处在日新月异的快节奏的当下，我们比任何人都要明白：时代在不断地发展与进步，只有时刻保持危机意识，不断学习增强自我能力，才能勉强保持自己不会轻易就被时代所抛弃。而所谓的保持原地踏步，最终的结果都只能是不进则退。

在安卓系统没有盛行之前，诺基亚可能从未想过有朝一日自己会被这个时代淘汰。如果在十五年前，问及你最想要一部什么手机的时候，作为很多八零后的美好回忆，答案必定非诺基亚莫属。彼时的诺基亚可以说是覆盖了我们普通人民的所有阶层，不论是耐摔耐用的平板手机，还是潮流时尚的滑盖手机，诺基亚可以说是霸占了我国的手机市场。然而谁又曾想到，安卓系统的问世，触摸屏的产生，会那么轻松地击败曾经的霸主。而随着以安卓系统为特色的智能手机成为潮流，如果智能手机不能随着时代不断地进步发展，随后问世的苹果手机极有可能会将智能手机变成曾经的诺基亚。回看智能手机的发展历程，诺基亚做错什么了吗？其实并没有，在面对销售费者方面，诺基亚从未做错。它错的是“原地踏步”，或者说是“进步得不明显”。诺基亚也在不断地研发创新，也在思考有朝一日可能会被其他的手机所取代。只是它没有想到新问世的安卓系统会如此的来势汹汹，没想到这时代会变化得如此之快，以至于完全不给他们任何的转还余地，就这么委屈而无奈地退出了历史舞台。所以你说，我只是想要原地踏步，这不对吗？对你个人而言，或许对。但现实却是，时代会在无形中推着你往前进，如果你没有跟上他的步伐，时代可能连一句再见都不会跟你说，就将你无情地抛弃掉。

时代就这样客观而残忍，除了诺基亚，相似的主人公还有曾经的胶卷大王柯达。他们本身并没有做错任何事情，只是错在了没有进步，错在了没有及时改变，错在了没有跟上时代发展的步伐。就像我们的父母辈，大概从没有想到过有朝一日，出门会不需要用到现金，只需要带一部手机就可。支付宝和微信的发展早已浸润了我们的生活，变成了引领时代发展的前轮？岂知，这前轮之下，又会压倒多少的“曾经辉煌”呢？看到父母辈的脱节，你还会有自信放言：等到我老的那一天，我一定不会被时代抛弃吗？

我认为，人生中对每一个人最为公平的事情就在于你我每天皆拥有24个小时。不管你身处什么样的阶层，不管你生活在什么样的时代，不管你生活在哪个国家，不关你是贫穷还是富有，我们都拥有一样的时间。而如何利用好这相等的时间做出不同的事情，才造就了我们的千差万别。我们生来就在追求功，而每人能够获得的成功都远在我们的起点之外，这是一个需要努力拼搏的过程，更是一个追梦的过程。在追求梦想成真的这个过程中，我们经常会进入到一个个的黑暗隧道，这些黑暗隧道就像是人生中的关节，必修且无法避免。在这些隧道里面，我们只能看到眼前的一片黑暗，这种感觉会让我们很不舒服，时间久了很痛苦。因此，很多人都迷失在了这些隧道里面。但是，在努力通过这些时光隧道的时候，如果你能再坚持一下，努力睁大双眼，你就会发现在那个隧道的尽头有一丝光亮，很微弱但是却真实地存在。这时，请坚持下去，坚持地向它走过去，拼命地向它走过去，然后，你会见到一整片的光明。你我都知道，这个过程会很难。因为在这个过程中，我们需要控制好自己的消极以及悲观的情绪，增强我们的自制力；我们需要有改变的勇气，才能体验到穿越隧道后的成就感并有信心继续冒险下一个隧道。

改变总是很痛苦的，但是改变却是我们生活的必需品。当你没有大树可以依靠，没有外力可以依附，没有捷径可以找寻的时候，就请依靠我们自己。相信自己的努力，从身边的点滴小事开始做出改变，每天只要让自己进步一点点，终会成就我们不一样的人生。

第08章

努力尝试别放弃，困境之中更能成就自己

不知你有没有发现，其实，人最难相信的是我们自己，最不容易改变的也是我们自己，最难以战胜和超越的还是自己。生活中的我们总是在渴望着别人的认可和重视，在别人的肯定和重视下才会觉得人生充满意义，生活享有乐趣。诚然，我们都希望自己在他人的心目中是有分量的，在自己所从事的领域里面是有分量，有足够话语权的。但是很多时候，这个分量并不是别人给你的，而是你自己为自己争取的。面对不熟悉的领域，面对刚开始进入时遭遇到的困境，只有不断努力继续尝试，才能在困境之中不断地成就自我。

肯定自我是克服一切困难的法宝

很多人都不明白这样一个道理：其实你认为自己是什么样的人，就会有怎样的表现，这两者其实是一致的。我们每个人都可以通过自我肯定来塑造出一个真正的自我。因此，不管遇到什么困难，你都可以告诉自己："我是最棒的！我是最好的！"这样的话语并不会对客观事实有什么实质性的改进，但是当你脑海中重复想象自己最有自信的时候，你会发现，自己真的变得很有自信，同时，你的行为也会更加有效，因为行为总会配合着你的思想去行动。因此，面对任何困难，最重要的一件事情就是相信自己。

有这样一个说法：你是不是天才不要紧，关键是你要相信自己是天才；你是不是成功人士没有关系，关键是你要相信自己终有一天会有所作为。我们或许出身并不富贵，我们或许家境并不厚实，或许学识并不渊博，或许相貌也并不出众，但是，面对我们所有人都有可能遭遇的困难，相比较于那些先天条件优势拥有者，我们更不能失去的一样东西，就是自信，就是对自我的肯定。

其实，我们每个人都是这浩瀚宇宙中独一无二的个体，我们能够来到这世界或许是取决于大自然的恩惠，大自然却在创造我们的时候给予了我们每个人独特的特质。所以，你会发现，生活中没有人的基因与你是相同的，也没有人的性格跟你是丝毫不差的。我们每个人都在以自己独特的方式来与他人互动，进而影响别人。不管我们以什么样的身份，什么样的条件生活在这世界上，但是我们存在于这个世界上的作用却是任何其他人都无法取代的。因而，我们必须相信自己，肯定自己。而肯定自己的最简单方式就是在生活中的一言一行中充满自信，即便面对暂时无法超越的苦难，我们仍然要对自己充满自信，要对人生充满希望。

肯定自我等于自我肯定，等于自信地做自己。自信其实是一种无形的力量，它支撑着我们的生命，能够帮助我们战胜自我，创造奇迹。它不光滋润着我们生活的方方面面，也照拂着我们的事业和爱情。曾经风靡一时的经典电影《泰坦尼克号》中就为我们叙述了自信对于一个人的重要作用。

男主杰克是个一无所有的穷小子，最终却凭借自信的人生赢得了女主露丝的喜爱。女主露丝出身富贵，处在上流社会，可以说是什么样的人才都见识过。但是最终，却与杰克共同坠入爱河，谱写出了一段感人肺腑的爱情佳话。而仔细品味，你会发现，男主杰克最终能够吸引女主的最大筹码就是他对自我的肯定和自信。

面对与露丝家庭在财富与地位面前的巨大落差，杰克从不自卑。在电影中的那场晚宴上，露丝的母亲看不起杰克，因而对他百般刁难，故意讥讽，问道：“三等舱的感觉怎么样？”众人本以为这会让杰克很难堪，结果杰克却轻松而自豪地回答道：“简直太棒了，里面一只老鼠都没有！”露丝的母亲眼看没有为难到杰克，又问道：“你觉得像你这样到处流浪，没有根基的生活有趣吗？”面对露丝母亲的刁难，杰克再次肯定地回答道：“我觉得自己的生活太棒了！我虽然一无所有，却能够随心所欲地呼吸自由的空气，享受明媚的阳光，欣赏迷人的风景，聆听大自然的音乐。就在前两天，我还睡在桥洞里面，而现在，今天，我居然就在豪华的泰坦尼克号上和世界上最富有的在座共进晚餐，这不是很奇妙吗？生活就是这么奇妙，生命是上帝赋予的宝贵礼物，我可一点不想浪费。”杰克对生命的无限自信和对自我的充分肯定最终赢得了露丝的芳心，尽管他们最终遗憾地随着泰坦尼克的沉没而终结了，但是他们的爱情却永远流传下来，变成了这茫茫大海中的经典，而这大海，也因为有他们的存在，变得更加的神秘莫测。

尽管我们都知道自信并不能在客观事实上对你所遇到的困难有着实质性的改变，但是你要相信，精神、信念的力量其实是非常巨大的，它能让你无所畏惧，让你面对任何困难都能够勇往直前，让你坚信困难最终一定能够被克服。就像成功学大师拿破仑·希尔曾经引用的一首诗里面说过的：

如果你认为自己已经被打败，那你已经被打败了；如果你认为自己并没有被打败，那么，你就并未被打败。如果你想要获胜，但又认为自己办不到，那么，你必然不会获胜。如果你认为你即将失败，那么，其实你已经失败了。

坚定信念，告别放弃

有这么一个矛盾的所在，曾经困扰过很多人：尽管我们都知道自信对于一个人的成功起到了非常重要，甚至可以说是决定性的作用。但是，还是有很多的时候，我们很难坚持做到自我，很难做到一直充满自信地做自己。生活中的我们，总是在别人否定了自己之后，开始怀疑自己，直到最终自己否定了自己。就好比：本来，今天的你充满自信地准备去做一件事情，结果有人对你说，没有你想的那么简单，不好做，太难了。这时，原本意志就不坚定的人，可能会在听到这句话之后立刻放弃，连尝试的勇气都没有。再比如，某一天，你遇到了一个令你心动的女朋友，你明明很喜欢她。但是你的父母并不喜欢她。就这样，因为你父母的反对，最终你真得觉得对方也并没有你想象中的那么好。于是你决定放弃，重新再找一个。这没有绝对的错误可言，但足够说明：我们的生活就是这样，很多时候的我们都是在自己能够做主的事情上犹豫不决。

有一个人误入了精神病院，被医护人员和院里本来的精神病人一起关在里面。刚开始，他大声地呼喊："我不是精神病人，放开我。"没有人理他，因为所有的精神病人都会这么喊。他想要逃脱，于是拼命地向医护人员证实他自己不是一个精神病人。他给医护人员说很多的故事，讲很多的道理，甚至主动讲解很难的数学题，说很复杂的英语名著。然而奇怪的是，他做得越多，医护人员越是不相信他。院里所有的精神病人也都跟看疯子一样地看着他。一个月之后，他终于受不了了，崩溃了，开始思考为什么他证明了这么多，医护人员却还是认为他是个疯子。终于，他想通了，不再追着医护人员，向别人证明自己的正常。他想象着自己正在外面度假，每天躺在床上该睡觉就睡觉，饿了就吃饭。其余的时间就看看书，玩玩游戏。问他问题的时候就正常回答，不再强求别人相信他的结论。结果，不到一个星期，医护人员就主动将他放了出去。

这样的故事很简单，却发人深省。精神力量的强大程度，足以让我们每个人为之谨慎。如果生活中的我们也跟这个正常人一样，在众多的否定声中开始怀疑自己，从而决定放弃自我，放弃自己内心的声音，那么，可以说你的失败是必然的。一个没有真正自我的人如何能够在众多的选择中为自己做出最正确、最适合自己的判断呢？而这世上，我们人生中的很多事情都只能够依靠自己，也只有自己努力，才能真正达到自己想要的远方。因此，不论在任何时候，面对任何否定的声音，请不要立刻开始怀疑自己，不要立刻放弃已有的计划。如果面对众人的否定，我们选择立刻放弃，最终的结果只会是停滞不前。而当这种失败紧接着被我们误认为是自己的无能的时候，这种消极的思想只会给我们带来更加源源不断的负面影响。反之，如果遇到任何困难与否定，我们都不那么急着去放弃，勇敢地尝试一下之后再说。终有一天，当我们取得的哪怕只是一点小小的成功，都会使我们信心倍增。而当我们凭借着这增加的自信去以更大的自信奋斗的时候，我们必然会取得更大的成就。

华盛顿·欧文曾经说过：“思想浅薄的人会因为生活的不幸而变得胆小和畏怯，而思想伟大的人则只会因此而振作。”这句话足以说明思想与信念对于我们每个人至关重要的作用。

其实对于任何人的内心来说，都存在着两股力量：有一股力量会让我们觉得自己天生就是来做伟人的；而另一股力量却在时刻提醒我们自己“你办不到”。我们总是在这样充满矛盾的互相斗争中不断地前进或者倒退。而每当我们遭遇到困境或者失败的时候，这两股力量的斗争会变得更加激烈。因而，从本质上来说，我们每个人最大的敌人其实是我们自己，是我们自己的怀疑和害怕失败。它们经常扯我们的后腿，不让我们去勇敢尝试，或者在失败后给我们以打击；它们总是在偷偷地吸取着我们的能量，使得我们每次都只能使用我们真正能力的一小部分去争取和实践。因此，请你学会勇敢，用自信和不放弃的坚定信念取代它们。让它们在我们的内心中尽可能地消失，最终成为对我们人生无足轻重的影响所在。

或许，在人生的很多时候，在我们的征程中，我们会觉得一切似乎都完蛋了，就好像是生活走到了尽头，就好像是人生的音乐从自己的生活中就此消失。但请将这人生的音乐时刻地牢记在自己的内心中。不论在什么时候，不论在哪里，不论我们所处的环境如何，正面临的境遇如何，都不要轻易地放弃，不要轻易地和自己内心的努力力量说再见。最终，你会发现，其实，人生的音乐始终都在，它只是一时被打击，被隐藏在了我们内心最角落里的地方。只要你不放弃，重新燃起新的希望，它就会跟着你坚定的内心勇敢地再次出现，响彻心空。

让逆境成为考验自己的利器

古语说：“吃得苦中苦方为人上人。”这话其实并不是没有道理的。仔细观察现代社会商场中的各位成功人士，你会发现，他们用自我的实际经历向我们证明了这样一个真理：一个人吃得苦越是多，越容易能够成为人上人。道理其实很简单：正是因为经历过足够多的磨难，面对过人生中足够多的逆境，才练就了他们坚强不催、屹立不倒的品格。因而，毫不夸张地说，逆境是帮助我们前进的一把利器，只是看你去如何运用，看你以什么样的心态去运用。实际上，逆境在我们的人生中并不是一无是处。他能够让你学会谨言慎行，学会去观察周围的人和事，努力去发现身边一切对自己有利的成长因素，不断地进步与成长。生活中总是会有很多这样的经历：一个人身处逆境的时候，通常会很容易地就被激发出强大的环境适应能力。就犹如打铁一样，只有在烈火中将骨骼变得柔软，逆境这把铁锤在敲打的时候才能够将我们身上多余的铁屑去除掉。最终，当逆境散去的时候，你会发现，最终的你早已不是曾经那个弱不禁风的你，而是一个勇于直面生活这个刀锋的你。而这样的你，早已变成了鲁迅先生笔下那个“真正的勇士”。

夸赞逆境的好处并不是要求你喜欢面对困难和不幸，只是想要告诉你这样一个客观事实：聪明的人总是会把逆境当成是成长的机会；有自信的人总是会以积极乐观、开放的态度去主动欢迎这种奋斗，因为他们知道这是发展性格最好的方法，他们清楚地知道并了解这些困难有助于建立自我的勇气和发展恢弘的气度。试想一下，如果我们的人生之中没有经历过这些练习，生活不就犹如置身看似温柔，实则充满荆棘的“玫瑰园”吗？这样的我们一旦失去了爱人的保护，又当如何独自面对生活中的风雨呢？这样的我们，到最后只会成为一个永远都长不大的孩子吧。

没有人真的喜欢去面对生活中的逆境，谁都希望自己的人生能够一帆风顺。但是，人生悲苦却是我们每个人都必须要经历的无可奈何。面对困苦与逆境这一客观事实的存在，我们改变不了却能够选择让自己如何面对。事实上，你的思想决定了你的心态是积极的还是消极的。面对逆境，我们应该选用积极的心态去指挥我们的思想，控制我们的情绪，从而掌握属于我们自己的命运。

遇到困难与逆境的时候，实际上就是对我们能否成功进行考验的时候。这时，充分的自信心是我们能够战胜考验的关键。上文中我们已经讲述了自信作为精神作用对于我们的心态以及所从事的事业所产生的积极作用。实际上，自信的力量却是我们无法用语言来表达清楚的，无论你相信与否，自信都值得我们随身携带，直到生命的尽头。对自我充满肯定，其实是我们与生俱来的本能，只是在后来的成长环境中，受多方因素的影响，我们或许有所改变。你看，当我们还是一个婴孩儿的时候，当我们跨出人生第一步的时候，我们其实就相信自己一定是会走路的；当我们牙牙学语，发出第一个音节的时候，我们其实就相信自己一定是会说话的。人生中的很多事情都是这样，首先因为我们足够相信，所以我们才会去努力完成它。反之，如果我们根本不相信，那我们也就根本不会去行动。因此，请你相信：人生中的逆境从来都不可怕，可怕的是我们或许缺乏一颗勇敢征服困难的心。面对逆境，一味地逃避和害怕，只会让自己深陷困境这个泥潭，越是挣扎，却越是难以自拔。索性，我们不如放开自己的心胸，坦然地去接受人生中苦难存在的客观事实。只有当我们能够正视它的存在的时候，我们才能够尽快让自己冷静下来，去有时间好好地思考未来的对策，不是吗？

失败是成功之母。如果你一时没有战胜逆境，而是被打败。那么，请不要气馁。如果你认为事情还没有到最糟糕的程度，你的人生还没有落到最低谷，那就说明一切都还有转还的余地，事情还没有到最坏的程度。逆境中的一两次失败，只是为了让你能够得到更好的成长，成为更好的自己。因此，不要惧怕人生中的困苦与正在经历或者即将经历的逆境，放开心胸，用宽容的态度接受属于我们生命中的磨难，保持乐观、积极向上的良好心态，最终，让逆境成为考验我们的利器，而不是阻碍。

困难其实是大多数人的常态

很小的时候，我们羡慕“别人家的小孩”，长大以后，我们羡慕“别人家的老公”“别人家的孩子”，殊不知，其实我们自己也有可能是别人眼中的幸福者。谁的生活不是一地鸡毛？谁的人生不是充满困顿？其实，从来没有天生的强者，更没有毫无弱点的强者。很多时候，强者之所以能够成为强者，并不是他与生俱来的本领与天赋，而是后天总结出的顿悟和磨练出的能力。

一代球王贝利在刚刚进入巴西最有名的桑托斯足球队的时候，他害怕那些大明星球员会看不起他，竟然紧张得一夜未眠。其实，他本来是球场上的佼佼者，但是却因为无端地怀疑自己而对他人产生莫名的恐惧，从而影响了自己真正的实力。后来，贝利认识到了自己存在的问题，设法让自己在球场上忘掉自我，专注踢球，保持一种泰然自若的心态，终于发挥出自己应有的实力，在日后的时间里面，更是以锐不可当之势踢进了1000多个球。

你看，球王贝利用他自身的经历告诉我们：其实，人生所谓最大的敌人，真的只有我们自己。而在这过程中，因为怀疑自己、贬低自己而产生的自卑情绪是我们迈向成功的最大敌人。因此，千万不要无端地怀疑自己，外人其实也是凡人之躯，也是通过自己的努力达到了一定的高度，并没有你想象中的那么不可超越，只要相信自己，勇往直前，付诸行动，我们就一定能够更上一层楼。

我们总是不喜欢用自我现实能够达到的标准和高度来衡量自己，而是喜欢用我们相信的或者别人假定的理想中的标准来与自己作对比，经常认为自己“我应该要这样”“我要是能够像某人一样就好了”，等等。但实际上，这些看似美好的、更高的追求实际上脱离了你能够达到的实际高度，只会给你带来更多的烦恼和自卑，让你自己充满抑郁和自责。而因为这些负面情绪而产生的自卑、消极情绪才是阻碍我们成为更好自己的最大原因。其实，放眼看去，即便是流传千古的历史名人，他们也曾有各自的烦恼和缺陷。就好比达尔文、济慈、康德、拜伦、培根、亚里士多德，研读他们的的生平传记，简直就是一部与自我缺陷作斗争的奋斗史。然后你会明白，所谓的人生苦难是生而为人，所有人都会有的经历。这些伟人之所以能够有这样的高尚品格与传奇一生，也都是因为他们的个人缺陷，围绕着这缺陷所进行的奋斗与改善。我们总说上帝是公平的，给你关上一扇门的同时，一定会给你另外打开一扇窗。诚然，这并不是没有道理的。像亚历山大、拿破仑、纳尔逊，就是因为出生的时候身材矮小，所以立志要在军事上获得辉煌的成就；而像苏格拉底、伏尔泰，就是因为觉得自己相貌丑陋，因而在思想上通下功夫而大放异彩，成为传世的名家。

实际上，每个人的生活都有各自的困难与险阻，很多你所羡慕的“别人的生活”也只是看上去很美满而已。面对分离，面对熬夜加班，面对生活中的一些很小却让自己不开心的事情，你选择了焦虑，选择了抱怨，唯独忘了拥抱宽容与改变。直到最后，这些小小的不开心攒到一起，汇成了一股来势汹汹的负能量，让你濒临崩溃。殊不知，只要你抬头看看周围，问问身边的人，你会发现：其实我们每个人都有自己要走的路，都有各自生活的不容易。欲戴王冠，必承其重，其实我们谁都不比谁容易多少，看似的光鲜亮丽，其实不过是咬紧牙关的努力和拼搏。生活中的我们，不管处在什么阶段，总是在经历着各自阶段的苦楚与磨难。因此，很多你所认为的悲惨实际只是生活中的正常磨难。

当你难受感到支撑不住的时候，想想身边曾经的幸福和美好。无数次的重新尝试之后，你会发现，其实只要我们的心脏仍在跳动，真的没有什么大不了的。面对一时的打击与磨难，我们可以选择小小的吐槽，可以选择在亲人面前撒娇，但是吐槽过后，请尽快爬起来，在一次次摸爬滚打中为自己准备好一副坚硬的铠甲，越挫越勇，越来越努力。这个世界就是这样，努力不一定会有回报，但是不努力，就一定不会有回报。因此，请你记住，淡化面对的苦难，放大生活中的欢乐，是我们顺利渡过人生逆境的良方。不要羡慕别人的生活，“子非鱼，焉知鱼之乐？”别人的生活中有你羡慕的欢乐，也有你承受不来的伤痛，做好自己，过好属于自己的每一天，你在这一刻感受到的困难，或许也是其他人的常态。

将多走的弯路变成你面前更多的风景

著名作家张爱玲在自己的著作《非走不可的弯路》里有这么一段叙述：“我很感激我的母亲，她让我发现，自己不再年轻，已经开始扮演‘过来人’的角色，同时患有过来人常患的‘拦路癖’。在人生的路上有一条路，每个人都非走不可，那就是年轻时的弯路，不碰壁，不摔跟头，不碰个头破血流，怎能炼出钢筋铁骨，怎能长大呢？”诚然，张爱玲的感悟其实并不是个例，其实是我们每个人都会经历的过程与阶段，只是环境有所不同，经历或早或晚而已。

就像著名词人辛弃疾曾经在《丑奴儿·书博山道中壁》中说过的：“少年不识愁滋味，爱上层楼。爱上层楼，为赋新词强说愁。而今识尽愁滋味，欲说还休。欲说还休，却道天凉好个秋。”曾经小小年纪的我们，总是渴望在走出校园的时候就能够一步登天，找到心仪的工作，遇到知心的爱人，过上富足的生活。因为太心急，所以在一两次的失败之后就开始抱怨生活的不易，仿佛全世界只有自己生活得如此辛苦；因为太天真，没有经历过真正的磨难，所以在付出自我认为的所谓努力却没有获得相应回报之后，总觉得自己生活诸事不顺，年纪轻轻就在哀叹自己生活的不容易，仿佛早已看破了人生。殊不知，真正获得成功的人，又有谁是轻轻松松的呢？那些看似不动声色就获得的成功，背后又饱含了多少辛酸与汗水呢？你所看到的是他们的不动声色，但实际上，他们只是选择了沉默，选择主动将这些辛酸和苦楚都化成了督促自我不断前进的动力而已。

有这样一句话，希望能够跟大家共勉："既然选择不认命，那就好好努力去拼命。"诚然，生命对于任何人而言都是一场未知的旅程，可以说，在到达生命的尽头之前，没有人会知道你活着的下一刻到底会发生什么。而面对未知，我们唯一能够做的就是珍惜当下的每一天，让自己的每一个"今天"都过得比昨天更精彩。在这过程中，每天都是一个新的开始，这每一个重新启程的时刻，其实都无比的闪耀和珍贵。因为，假如没有这一过程，就没有我们的成长，没有我们的收获。

或许，我们都有过这样的经历：曾经，明明好像在同一起跑线上的小伙伴们，眨眼间就各奔东西并生活得丰富多彩，每个人都有自己想要追求的生活和方向，唯独自己，迷茫而不知所措。于是，你开始怀疑自己，怀疑你所有的努力和坚持，既不甘心于自己的浑浑噩噩，又思虑太多，胆怯于迈出自己突破性的那一步。其实，我们在最初的时候，都曾一样的朝着某个方向在努力与拼搏，而每一个你看到的过程中的“结果呈现”，不过是我们每个人都寻找到的另一种存在。你看到的别人的合适与幸福可能是别人已经找到的梦想或人生的存在，而你自己的，或许暂未出现，但其实，只是因为还在过程中。终有一日，随着时光的流逝，你会明白，曾经你所珍视的事物，竭力追求的物质可能都会渐渐离你而去，唯独这过程中的收获会永远留在你的心中。而这收获，就是你优先与别人看到的更多的风景。其实人生就是这样，总是在兜兜转转中学会更多的东西，拥有更多的收获，到达更高的起点。而前提是，我们从未放弃，从未停止努力的脚步。

其实，学习本身的意义，就远远大于结果。我们人生永远都是学习的一个过程，在这过程当中，即便是上帝自我，可能也无法将所有的结果都掌握其中。这过程中遇到的困难或挫折，所谓的“弯路”，其实并不是你所认为的无效劳动，而是一种你看不到的经历与收获。正所谓“不经一番寒彻骨，怎得梅香扑鼻来”，不论身处在人生的哪一阶段，初次为人，对我们所有人来说都是一次陌生的、全新的体验。每一条路，每一个尝试，都需要我们自己去经历，去摸索，并且，没有人知道这条路是否正确，会对你的人生有着怎样的影响。这是考验与磨难，同时也是机遇和收获。

生活中的我们，总是喜欢用“过来人”的身份满怀好意地规劝自己真心疼爱的人，不要走弯路，希望他们能够以最快、最舒服的方式到达理想的那头。诚然，作为过来人，我们有过相似的经历，可能有着相应的经验，会有自己认定的“更好走的路”，但是，时代在变，环境在变，他也不是你，且不说你的经验是否能够完全套用他的情况。再者，如果没有碰壁与摔跤，没有自我独立的学步，又怎能学会真正的长大？即便能够被保护一时，又有谁能够保证可以无虞到生命的尽头？人生中你多走的那几步弯路，都能够帮助你看到更多的风景。收起沉重的行囊，轻装上阵，将不愉快的昨天抛在脑后，然后拼命努力。未来的你，一定会感谢现在努力的你自己！

第09章

正确对待欲望，好的欲望可以成为前进的动力

有人说，欲望使人变得贪婪，直至不择手段；有人说，欲望令人迷失，最终失去当初的模样；我说，欲望其实是把双刃剑，只有没有被正确对待的欲望，没有本身就是错误的欲望。只要正确对待好我们生命中各个阶段出现的欲望，欲望就可以成为我们不断前进的充足动力。就好比生活多年的夫妻，互相的争吵是彼此沟通的欲望，而彼此的沉默才是感情消散的真实表达。

欲望和压力成正比

生而为人，谁没有一点欲望？即便是众多魔幻题材的影视剧中，之所以会有黑暗因子的存在，也都是因为众神仙没有妥善处理好自己的不良欲望，这些不良欲望形成的负面能量聚在一起并越发强大，最终形成正义的对手，成为影响世间万物的隐患。因此，可以说，欲望是我们与生俱来并自带强大力量的。七情六欲，说的就是我们人类生来就脱离不了欲望。欲望是我们在本性的驱使下对实现某种目的的渴求，可以说是我们最原始、最基本的一种本能，也是构成我们各种行为的最直接的原因和最内在的动力。可以说，欲望发自我们的内心，却能够刺激我们的行动，影响我们的感官。

有人说："人之初，性本欲。"有人说："生命是一团欲望，欲望得不到满足，人就会痛苦。"因为，欲望是我们人类与生俱来的一种本能，是我们理想的源泉，是我们生活的方向，也是我们前进的动力。确实，我们每个人都有自己的欲望，并且，随着环境的变化，根据我们不同的年龄和经历，我们会有不同的欲望。这是很正常并且应该被公平对待的一件事情，正是因为我们每个人有着不同的欲望，我们互相之间才会有所区别地变成了各自独一无二的个体，人类社会也才会变成这么丰富多彩的存在。

就像植物学家曾经说过的："这世上没有完全相同的两片叶子。"因为不可能有两片叶子有着完全一样的形状、颜色、脉络，甚至斑点。即便看似相同，放到显微镜下，结构也总是不一样的。这是我们对植物的判断依据，但只能从最表面的视觉体验入手。而人类并不一样，我们不是植物，我们有情感，有思维，有丰富的精神层面，有大量的心理需求，有各式各样的欲望，也正是因为这些不一样的精神层面，决定了我们每个人最根本性的特征。可以说，欲望是我们每个人与生俱来的生活动机和追求，有人渴望权力，有人追求名誉，有人却憧憬爱情，向往亲情。而正是这些不同的动机，不同的欲望，在控制着我们每个人不同的行为，形成不同的动作，汇成不同的世界。

然而，欲望越大代表着梦想越大，追求越多，自然也就意味着我们所需承担的风险越大，压力越多。这是自然界的平衡之道，也是宇宙间能量守恒的定律。既然如此，有人说，那不如无欲无求，反倒活得轻松自在。确实，如果你能够做到无欲无求，没有任何的物质及精神欲望，你就是脱离尘世的得道高僧。这样的人不光值得敬佩，更值得我们所有人去学习。但实际上，这样的得道高僧在我们的生活中近乎不存在。这样无欲无求的生活也并不有趣，也不适合每一个人的生活。因此，既然做不到绝对的无欲无求，我们不如正确面对欲望，正确面对欲望与压力的正向关系。在担心承担不了更大风险的时候，不如反向思考，告诉自己：当你能够承受更大的压力和风险时，其实也代表着你能够得到更多，也就是说你能够被满足的欲望也就更多。因此，学会正确利用欲望的力量，为我们的人生添砖加瓦。因为欲望从来都是一把双刃剑，将欲望控制在自己的可控范围之内，欲望才会变成我们前进的动力，让我们的人生充满希望。如果欲望过度膨胀，超出了我们的可控范围，欲望只会变成加速我们变成迈向深渊的魔鬼。

英国哲学家罗素曾经说过："如果你想知道一个人会做什么，你不仅要大致了解他所处的物质环境，更要清楚地知道他整个人的欲望和想法，以及他们之间的强弱对比。"确实，没有不能被看透的人，只有不能被看清的欲望。可以说，看清了一个人的欲望，你就懂得了他的追求，清楚了他面临的压力以及挑战。生活中的我们也经常有这样的经历：当面临巨大困难的时候，当前方没有希望的时候，如果我们的内心没有坚定的信念和继续活下去的欲望作为支撑，我们是很容易就会选择放弃的。而一旦选择了放弃，其实，也就是选择了失败与死亡。很多时候，我们都说欲望与压力是成正比的。你想要追求的越多，你要承受的风险也就越大。反之其实也成立，当面临人生绝境的时候，想想你生活中尚未完成的愿望，想想你还未实现的追求。即便当下再绝望，也不要放弃对生活的期望。学会恰到好处地运用我们心底的欲望，对于自我的欲望始终保持一丝警惕之心，发挥出欲望的正面能量，让欲望变成引领我们前进的天使，促使我们走上成功之路，过上更加美好的生活。

抛弃不适合你的欲望

假如询问身边的朋友们："你们有过并不适合你们的欲望吗？"或许，大部分人出于自尊或是所谓的面子问题，都会本能地回答："并没有。"而这么回答的原因或许是因为我们每个人都从根本上认为自己和别人其实是不一样的。诚然，我们每个人都是具有不同基因的独立个体，从这点来说，我们的确是不具可复制性的独特样本。然而，当涉及每个人最真我的欲望之时，我们还会那么不一样吗？询问一下你自己，每年过年许下新年愿望的时候，你都许过哪些愿望？或者就是平时的生活工作中，你给自己制定过什么样的计划？一年之内戒掉烟酒？为自己赚到第一个100万元？给父母买一栋属于他们的房子……制订计划时的我们必定是可以想见的激动与情绪高涨，仿佛整个世界都尽在自己掌握之中，下一秒就立刻开始有所改变。然而，真的都实现了吗？

想要拥有成功、追求上进都是非常美好的事情。我们每个人都应该具有成功的欲望，让自己享受更加美好的生活。作为具有多重身份的社会人，我们既有可能是子女，也有可能同时身为父母；既有可能身为丈夫，也有可能作为爸爸，不管是婚姻中对另一半的责任感还是为人父母子女的义务所在，我们每个人都在渴望着成功的滋味。我们渴望自己能够以最快的速度得到晋升，获得自己想要拥有的一切物质财富；我们渴望自己能够以最舒适的姿态展现在爱人的面前，用最好的生活品质享受我们的余生；我们渴望自己所深爱的家人们都能够健康快乐，哪怕自己会为此多辛苦一些。这些渴望都没有错，只是都需要我们的努力。就像亘古不变的真理一样，一分耕耘总对应着一分收获，偶尔的投机操作可能会让我们走运一时，却绝对不可能让我们走运一辈子。仔细思考就不难发现，古往今来，但凡获得巨大成功的人，通常都是依靠自己卓越的智慧与勤奋刻苦，无一例外。因此，在制定自己目标的时候，不要忘了，这些目标都是需要我们的努力工作才能够实现的。

生活中总是不乏有这么一群人，他们总是会不厌其烦地告诉家人、上司、领导有关他们想要成功的诉求以及每天都在努力的行动。并且，为了向你证明他们的决心，他们还会阅读所有认为能够对他们有所帮助的励志书籍，从阅读别人成功的事迹中得到快感，似乎下一个像书中描绘的那样立刻取得成功的人就是他自己了。然而，你有没有发现，他们其实只是在想象中参与着别人的生活和行为，就像是旁观的看客，只是看得认真而没有真实的参与。即便有人依样画瓢，也总是因为方法不对就在很短的时间内宣告失败。因此，对于这群幻想家们来说，明天才是他们认为最伟大的一天。而可惜的是，这个幻想中的“明天”似乎永远不会来临。

希望你能够明白，我们并没有生活在拥有任意魔法的童话世界中。在这个现实的人类社会，想要实现我们许下的任何一个愿望，满足我们自己的任何一个欲望都需要我们付出相对应的努力。为了实现这些欲望，我们需要脚踏实地，需要兢兢业业，需要聪明机智。而最为重要的是，我们需要做出许多卓有成效的工作。而想要实现这些卓有成效的工作，光有一腔热情，只依靠和凭借一股想要成功的意念是不够的。因为，其实成功的欲望可以分为两种，而其中有一种就是具有很强欺骗性的、虚假的、并不适合我们的欲望。这些欲望并不适合我们的现状，也不能在短期内实现，或者说已经超过了现阶段我们所能承受的极限，因此，拥有这些虚假的欲望只能让我们在设定的期限到来之际感到无所适从与未达成目标的沮丧而已。当然，如果你从未指望想要实现这些“不适合的欲望”，这又是另外一回事了。

如果你曾像我描述的那样制定过并不适合的计划欲望，不用羞愧，也无需自责。人乃凡夫俗子，我们每个人多多少少都曾制定过一些并不适合我们自己的计划，都曾追求过其实并不适合自己的欲望，就像是丑小鸭羡慕美丽的天鹅，我们只是忘了很多时候，很多事情并不是只要努力就可以。等到我们失败了，经历过了，我们才会明白：其实，想要从丑小鸭变成美丽的白天鹅，我们还需要时机与等待。因此，如果现在的你正在为未来做打算，做计算，那么从现在开始，请你明白许下的诺言必定要去实现的道理所在。很多时候，未被实现的欲望虽然无害，但是却在潜意识中已经对我们自身的人格造成了伤害。因此，从今天开始，想明白自己的真正的需求所在。不要再去制定并不适合自己的虚假欲望，学会控制自己的内心，去追求自己能够实现的真正欲望，慢慢引发你人生的质变。当你取得的成功经验越来越多的时候，你会发现：没有人比你更有潜力主宰自己的人生，而我们需要做的只是运用好这股潜力，让它逐渐落地，不要让它妄自膨胀而已！

欲望是天使，也是魔鬼

心理学家认为，在个人方面，欲望能够促使人的进步，并且在社会方面，欲望还能够推动整个社会向前发展。因为正是有了成功的欲望，我们才会为了达到既定的目标，为了争取自己想要的东西而努力。当然，任何事物都存在着辩证关系的两面性，欲望更是如此。自我能够控制的欲望，能够给人以压力树立不断向前进的目标和方向，这样的欲望就是我们生命中的天使。反之，一个人如果欲壑难填，任由自己的私欲肆意发展，不断膨胀，欲望就会变成泥潭中的魔鬼，让你难以脱身。因为欲壑难填，人的欲望是无穷无尽的，到最后，为了达到一个又一个更多更高的欲望，很有可能会让你为了达到自己的目的而肆意妄为，从而造成难以弥补的缺陷。

阿奇凯原本出生在一个贵族人家，可惜的是，由于家族事业管理不善，他的家族最终没落了，一家人由原先的贵族阶层变成了普通甚至贫穷阶层。于是，阿奇凯在幼年的时候就被母亲教导，长大后一定要赚取大量的财富，重振家族的雄风。

成年后的阿奇凯怀揣着区区200美元，只身来到美国，寻找致富的机会。阿奇凯同其他移民一样，在社会底层苦苦打拼着，为了赚取不多的生活费做着辛苦的工作。为了生存，阿奇凯做过很多工作。比如：杂货店的伙计、刷盘子的小时工、油漆工、大街上的推销员，等等。然而，生活总是这样残忍，即便阿奇凯如此辛苦，他能够积攒下来的钱财也并不多。不要说是重振家族雄风，在最穷困潦倒的时候，连自己的房租都付不起，只能呆在公园的长椅上露宿街头。每每这时，可怜的阿奇凯就会对这个社会充满怨愤。

受母亲的影响，以及现实生活的打击，阿奇凯对金钱的欲望更加强烈。他急切地想要赚大钱，梦想着自己能够以最快的速度赚取到最多的钱财，早日让自己以及母亲乃至整个家族重新回到贵族阶层。然而，现实总是很残忍，一次次的碰壁让阿奇凯的生活充满了困顿和窘迫。于是，阿奇凯决定铤而走险，开始伪造货币、贩卖人口，最终，走上了人生的不归路。

对于阿奇凯来说，由于对金钱的极度渴望以及不断膨胀，难以控制的欲望最终致使他铤而走险，走上了人生不归路。而这样难以控制的欲望无疑是恶魔，因为它促使阿奇凯走上了犯罪的道路。

《老子》里面曾经说过："欲望是把双刃剑，运用之妙在于心。"诚然，欲望本身并没有好坏与对错之分，只看你用什么样的心态，以及如何运用。人的欲望都是无法消除的，这是自然的规律，没法改变。但是只要控制得当，你会发现：只要你的欲望是符合自然并且有限度的，这样的欲望在得到满足之后，你会适可而止，不再有那么强烈的渴求感。

毋庸置疑，欲望对于每个人来说既是善良的天使，又是邪恶的魔鬼。如果我们一味地被心底的欲望所俘虏，甚至为了满足自我的欲望不惜用自己的生命去冒险，进而采取诸多的非法手段。那么，这样的欲望就变成了拉我们进入深渊的魔鬼。但是，如果我们能够对自我心底的欲望始终保持着一颗警惕之心，不被自我的欲望牵着鼻子走，那么，此时的欲望就能够促使我们为了自我的目标不断地努力而奋进。因此，我们需要学会恰到好处的运用我们心底的欲望，对于心底原始的欲望始终保持一丝警惕，这样，我们才能够发挥欲望的正面能量，让欲望变成我们人生中的天使，促使我们走上成功之路，过上更加美好的生活。

老子说，如果你想认识这个世界的本质，你就应该跳出事物本身，清空自己的欲望；如果你想体验这个世界的丰富多彩，就应该保持自己的欲望，去追求世界上一切值得追求的事物。当你的欲望触碰到了人生的边界的时候，你就应该学会静下心来，暂时地放下这些欲望，学会反思，思考这些欲望给你带来了什么。从而进行适当的取舍，达到内心的平衡。而当你找到内心的平衡时，其实你是处于人生的相对静止状态，你就更容易看见自己生活的本质，找到生活的意义，清楚自己的使命。

控制过多的欲望

心理学家曾经做过这样一则实验：让一位幼儿园老师发给每位小朋友一颗棉花糖，并让他告诉孩子们："现在，每位小朋友们的手里都有一颗棉花糖。如果现在你们把它吃完的话，你的手里就什么都没有了。但是如果你们能够忍耐20分钟，等到20分钟以后再吃这颗棉花糖，我就给你们每人再奖励一颗棉花糖，你就可以有两颗棉花糖。"孩子们的表现不尽相同。有几个小朋友在老师的话还没有说完的时候，就已经迫不及待地将棉花糖放进了嘴里。这些小朋友年纪偏小，棉花糖对他们的诱惑力实在太大，对他们而言想要拒绝棉花糖这种巨大的诱惑，实在是难度太大。也有些小朋友决定要忍耐，但显然，忍耐对他们来说实在是太艰难了——看得出来，他们正在非常努力并辛苦地忍耐。决定忍耐的小朋友们一边眼睛眨都不眨地盯着棉花糖，一边努力吞咽着口水。眼看时间马上就要到达20分钟了，这时候，一直坚持忍耐的一个小朋友终于忍耐不住，偷偷将棉花糖塞到了嘴里。而他的这一举动，立即引起了其他尚未将棉花糖放进嘴里的小朋友的跟随，就这样，在这个小朋友的带动下，大部分坚持忍耐的小朋友都没有成功抵抗住棉花糖的诱惑。当然，很遗憾的，他们同时也丧失了得到另一颗棉花糖的机会。

20分钟很快就过去了，老师发现，还是有少数小朋友成功做到了坚持到底，获得了两颗棉花糖。老师向他们询问能够坚持忍耐的原因，发现了他们的诀窍：他们中有些人选择暗暗告诉自己，棉花糖或许并没有想象中的这么好吃，以此来打消自己对棉花糖的关注；有些则从一开始就将棉花糖放在一边，一心一意地做着其他的事情（整个过程当中，他们心无旁骛，既不关注其他小朋友的举动，也不关心时间到底过去了多久），很快就度过了20分钟。最终，老师按照约定奖励了这些坚持到最后的小朋友们，其他的小朋友们只好眼巴巴地看着他们一口气吃下了两颗棉花糖。

30年以后，有人对这些小朋友们做了跟踪调研，发现这样一个有趣的事实：当年那几个坚持到底的小朋友们长大后都已事业有成，成就突出。有的成为了企业高管，有的创业成功，成为了令人敬佩的企业家。

而究其原因，就是他们能够比其他人更能够克制自己的欲望，更能够抵制住外界的诱惑。在他们遇到困难的时候，选择的并不是放弃而是坚持到底。相较而言，那些经受不住诱惑，没有坚持忍耐到底或者在老师话都还没有说完就将棉花糖吃掉的孩子过得并不是很顺利。在遇到事情的时候，他们总是犹豫纠结，难以做出决断。就像年幼时不能忍耐20分钟再赢得一颗棉花糖一样，成长中的他们也不能忍受那些追求不到的欲望。因此，他们有的选择一再更改自己的既定目标，企图通过这样的方式来换得短暂的满足感；有的因为想要以最快的速度和最低的成本实现自己的欲望，走上了违反法律的道路。虽然也有极个别的小朋友过上了不错的人生，但是总体而言，与能够坚持忍耐控制自己欲望的小朋友相比，他们的婚姻、工作以及健康状况都不太尽如人意。

人类一开始的欲望只是建立在生存的基础上。但是随着我们的需求不断得到满足后，外在因素的刺激又会诱发我们更多的欲望。就像美国著名心理学家杜保尔阐述的那样：生存消费是一个人活着的本能欲望。但是在现代社会，由于经济的高速发展，随着我们大消费时代的到来，我们的很多欲望都已经远远超越了这一底线，并且在我们的实际生活中，在促进消费繁荣经济的背景下，在许多消费行为上，商家都设置了许多的消费陷阱，并且这些消费陷阱无一例外地都是从如何引发我们内心的欲望开始的。因为精明的商家们知道：只有将消费者内心的欲望诱发出来，他们才会不计后果地做出不理智的消费行为。而对于消费者而言，他们之所以会落入商家的一个个美丽的消费陷阱，固然无良商家对其产品或是服务肆意夸大的误导是主要因素，但是从个体而言，主要还是在于消费者本身的欲望使然，不是吗？

因此，请你记住，当一个人的生存消费得到满足之后，如果不能及时控制住自己对物质的欲望，就会很容易由于对物质的占有欲无限制的膨胀而迷失了自我的心性，从而被欲望控制，跌进自己为自己设下的欲望陷阱。由此，只有及时浇灭我们内心的欲望之火，才能够让我们始终保持理性，成为更好的自己。

合理控制你的占有欲望

《爱情公寓》里面有这样一个情节：来自日本的关谷神奇是一个动漫设计师，有一段时间，他遇到自己创作上的瓶颈期，画稿被退了好几次。关谷神奇很郁闷，并且一个人生活在陌生的中国，一切都让他有点无所适从。后来，他找到了一个宣泄自己压力的方式——去超市捏碎货架上的方便面。每当听到干脆面与包装袋摩擦出的卡拉卡拉声音的时候，关谷神奇说，他总能感受到来自心底的一股畅快。

这个方式其实并不值得提倡，但是关谷神奇做这件事情的动机却值得我们去思考。为什么他要跑到超市去捏干脆面？因为超市的干脆面很多很全，有各种品类，这涉及到一个选择的问题。另外，既然明知不道德，为何他还要做？难道因为他来自日本，就理所当然地认为这个行为是合理合法的吗？显然也并不是，在与美嘉的对话中，我们可以得知，关谷神奇自己是知道这是一件不正确的事情的。那么，既然明明知道不正确，为何他还是要做呢？其实，这涉及到一个欲望问题。美嘉问：“你付钱了吗？”关谷神奇自然而然地回答道：“当然没有，我又不喜欢吃干脆面。”

对，事情的问题就是在于：他明明不喜欢吃干脆面，也知道偷偷捏碎超市的方便面是损人不利己，并且违反道德的问题。但是，他还是做了。原因是什么？因为压力？压力这个理由，或者是借口，看似很合理，实际经不起推敲。排解压力的方式有很多种，比如出去唱歌，大吼一声，运动，玩游戏发泄，等等。但是他都没有选择，而是选择了去做既不用自己花钱，也无需承担法律责任，而只是有关道德，关乎内心的问题。说到底，这其实是有关欲望的问题。

生活中的我们总是会听到这样不可思议的新闻：某小区内接连发生某物件被偷盗的事件，经过排除，结果却发现始作俑者是小区内的某个看似最不可能的人。这样的人通常都有着极高的学历，优渥的经济条件，甚至还有可能身居不一般的高位。从常理来分析，你无论如何都想不通的事情，但就是真实发生了。询问这些犯罪嫌疑人他们的作案动机时，通常只会给出一个关乎欲望的解释：“寻求刺激、莫名觉得很爽、控制不住自己。”这些理由看似没有道理，但的确是发自人类本性的最真实解答。然而，真实并不代表可以被认同，或许你能得到别人的谅解，但是却得不到别人百分百的支持。因为，这不光违反道德，更临近触犯法律的边缘。

古语说：小时偷针，长大偷金。说的就是不合理的欲望被一次次满足之后的无限膨胀而造成的越发不可收拾的后果。有人说，这不过只是危言耸听，只要意志力足够强大，想要停止的时候就一定可以。然而，现实真的可以吗？就像我们都明白物以稀为贵的道理一样，很多时候，东西越是稀缺，想要拥有的人却越多。同理，欲望其实也是如此，越是得不到满足的欲望，就越容易勾起人们的占有欲，引起人们的膨胀心态。而这种逐渐膨胀的心态会让人们忘掉东西的真正价值，会让人们夸大了拥有这种东西对自己的重要性以及必要性，从心底抬高这种物品的价值，认为这种东西值得拥有，值得冒险。因此，即便明知是不合理的欲望，为了内心的快感，却还是会有那么多的以身试险。

为什么我们会有物以稀为贵的心理呢？实际上，这就是我们内心的欲望在呈现的结果。很多时候，人类都有这样一个心理共识：越是得不到的东西就越是渴望。其实本来也没有多么重要的一件东西或事情，却因为“得不到”这件事情，人们就越是觉得想要得到，就越是认定能够得到这件物品的重要性和必要性，继而不惜以身试险。而现代很多盛行的所谓“饥饿营销”，利用的也正是人们在这种心理欲望的驱使下，容易不计代价，花尽心思，即便花费超出平时几倍的价格也想要得到这件物品。同时，坚持认为这是值得的。

人生没有后悔药可以吃，也没有忘情水真的可以让你抹去心中的一切悔意。多花金钱购买令自己开心的物品所带来的后悔不过是一时的消费后遗症，而因为追求自我不合理欲望而付出的精神悔恨和遗憾却是不可逆转的。因此，稀缺物品固然难得，更加难能可贵的却是面对诱惑，面对极度渴求的欲望之时，我们仍然能够控制自我的意志力和坚定的信念。人生之中，会有无数次的机会让自己暴露在各种欲望的面前，如果我们不能及时分辨，掌握足够的辨别能力和技巧，只会让自己被欲望控制。即便暂时获得了满足，也难保能够安度一生。反之，如果面对超越自我底线的欲望，我们能够反省自我，及时控制，最终一定能够过上属于我们自己的美好生活。

第10章

保持头脑清晰，正确的选择让你的未来看得见

天才科学家爱迪生曾经说过：成功等于99%的汗水加上1%的灵感。这几乎是我们每一个人在少年时的学习过程中都会听到并努力践行着的一句话，而总是在经历很多次失败之后，我们才知道这句话还有后半句：但很多时候这1%的灵感比99%的汗水更重要。只是少了半句话，传达的理念却千差万别。人生正是这样，很多时候，如果你没有那1%的灵感，你所有的99%的汗水不过都是一桶汗水而已，没有任何的用处。因此，人生途中不仅只有努力拼搏，更要有正确的选择，只有正确的选择才有可能让我们获得改变人生的那1%的灵感。

勇敢选择做自己

我们都懂得这样一个道理：懂得善待自己的人，通常都会活得很开心。善待自己的方式有很多种，而思考清楚自己的定位，明白自己想要的追求，并拼尽全力努力奋斗就是其中一种。诚然，我们大多数人的生活可能是单调且常常不尽如人意的。比如我们经常会遇到这样那样工作上的问题，以及生活中的各个方面带来的各种烦恼。但是，生活中的烦恼是客观且必然存在的，而如何面对这些烦恼，让自己成为一个怎样的人，过上什么样的生活却是我们自己可以选择的。生而为人，我们应当明白：我们的生活应该是为了更好地充实自我，而不是为了迎合别人的看法。我们每个人都应该有自己想要走的道路，而不应该受他人观点的牵制。很多时候，面对生活中的一些客观存在，我们无法改变别人，却可以选择做好自己。

选择做好自己其实并不是一件容易的事情，它需要我们有坚定的信念和一颗勇敢的心。这过程中或许会有很多的无奈与孤独，但是只有坚持自我，成为真正的自我，才能够拥有自我的美好人生。没有自我的生活是苦不堪言的，没有自我的人生更是索然无趣的，丧失自我应该是这世上生而为人能够感受到的最悲哀的一件事情。如果我们想要拥有美好生活，我们必须要学会自立自强，拥有良好的生存能力。在这基础之上，再去开花结果。一个没有生存能力又缺乏自信的人，必定是没有自我的人。而人一旦失去了自我，认不清楚自己的位置，就没有做人的尊严，也就难以获得别人的尊重。

生活中我们总是会遇到这样的人，他似乎永远没有主见，总是在考虑别人的看法，似乎他的生活总是围绕着别人转，他是在为了别人而生活。我们经常听到他抱怨自己生活中有多不容易，生活得有多累。殊不知，这一切的原因都是因为他没有找准自我的定位，没有真正的自我，总是在围绕着别人转。一个人就有一个人的生活方式与思想形态，你总是围绕着别人的想法而活，面对一件简单的小事，你就有可能要考虑到千千万万种方式，这样的你又怎么会不累呢？而令人更加沮丧的是，通常这样的结果是：即便你尽全力考虑到了诸多人的想法，却没有人考虑过你的处境，长此以往，抱怨与不忿在你的内心积攒，终有一日，会爆发成消极的泥潭将你淹没。然而，你忘了，这世上本来我们就应该是各自互相独立的个体，没有人有义务为了你的生活理念幸福而为你开山辟路。我们想要获得别人的尊重，首先就要尊重自己，要找准自己的位置，清楚自己想要的追求，并为了这结果不断地努力奋进。即便当下的你很孤独，没有人理解。但是你会发现，随着你自身实力的不断积累与经验的获取，终有一日，你会吸引到真正和你志同道合、志趣相投的人，这样一起陪你前进的人才能够称之为真正的伙伴。他们无须你多言，就会懂得你真正想要表达的含义。或许只是一个眼神，他们就能接收到你的信号，加入你的战队，同你一起奋斗。

不论身处什么样的情况，面对什么样的境遇，我们都应该牢记：生活是我们自己的，我自己才是生活的主角。有人说：太过老实巴交会吃亏，容易被人轻视；表现出格的话，枪打出头鸟，又会引来责怪，遭受压制；得过且过的话，自己又实在不甘心；有所追求的话，自己又得做出许多的牺牲。似乎自己不管怎么做，面对家庭与事业、同事之间、家人之间，仍然还是有许多的是是非非难以决断。其实，这是我们所有人都会遇到的客观存在，身处关系社会，只要有人的地方就会有各种关系横生。而处理好这些关系，一味地迷失自我，没有主见的听从各方的意见而摇摆不定却是最不可取的方式。而只有认定自我，改变自己，主宰自己，不再相信“人言可畏”，面对质疑，取其精华去其糟粕，走自己最正确的路，才能成为真正的自我，创造属于自己的成功。

转变自己的思想

很多时候，我们可能会发现这样一个事实：几乎所有成功的艺术大师都是感性并带有强烈个人色彩的。这世上可能存在相似的艺术作品，但是最终成为经典的绝对是那些独一无二，不可超越的个人作品。然后，你会思考，为什么他们能够成为大师，为什么他们会有异于常人的创作能力？是所有的大师都天赋异禀，还是都是依靠后天的刻苦学习？答案依据个人实际情况的不同而有所差异，但是却有着一个共同的规律：他之所以能够成为他，是由他的经验、环境以及家庭所造成的。这是客观事实，也是我们不可逆转的成长规律。不论结果好坏，我们每个人都是在自己的世界中演奏属于我们自己的交响乐曲，创造属于我们自己的小花园。这样的事实结果略带悲观，却是无法改变的客观存在。然而，尽管客观事实无法改变，我们却可以选择改变自己。改变别人的看法总是很难的，但是改变自己，对自我调节却是相对容易的。因为，我们自己才是自我生活中的主角。

其实很多时候，只要你想，就能够过上自己想要的快乐生活。或许在现实世界中，我们的确存在着由于物质方面的缺失而拥有的各种烦恼，但是历经过生命中的磨难之后，你会发现：快乐的生活并不是全部来自于物质的极大满足与丰富，而是来自于我们的心智和精神。人生中的平安喜乐，并不是因为我们身在何处，正在做着什么，或者我们是谁，而是由我们的心境所决定的。就像詹姆斯·艾伦在他的著作《思想的力量》中所说的那样："一个人如果改变对事与人的看法，事与人就会对他发生改变。如果一个人的想法有激烈的改变，他就会惊讶地发现，在生活中，自己面对的状况也有所改变。"

这样的说法其实并不是毫无依据的唯心主义，而是越来越多的人认识并认可了思想力量的巨大。诚然，每当遇到人生中的磨难的时候，有所经历并勇敢度过之后，你会发现，我们的内心里其实是有一份神奇力量存在的，那就是自我。我们所有人都是自我思想的产物。只有提升了我们的思想，我们才能有所进步，并完成一些事情，成为更好的自己。如果一味地拒绝思想的改变与进步，最终，我们只能掉进悲惨的深渊。

因此，我们应当注重对自我思想的提升和改变。面对人生中的艰难时刻，学会从另一个角度出发，思考事情的另一面。

曾经有人问我：一生之中令你印象最深刻的是什么？我的回答是：我明白了改变思想的重要性以及思想对于我们生活的重要作用。任何一件事情的发生，会有很多我们无法改变的客观存在，但也有很多可以选择的主观认知。很多时候，面对很多事情，我们只要换个角度，或许会有不一样的发现与改变。因此，可以说，如果我们能够做到改变我们的思想，选择正确的思想，我们就走上了解决问题的捷径。当然，这种说法并不是盲目的天真自信，我们的人生还不至于如此的浅显单纯。而是，在明白了人生实苦以及思想的重要性之后，我们提倡用积极乐观的态度取代消极悲观的情绪。换言之，我们应该要弄明白自己真正面临的问题是什么，从根源上去解决问题，而不只是针对问题呈现出的表象，做盲目的忧虑。就好比你走在繁忙的街道上，汇入汹涌的人群中，你可能会提醒自己注意安全，却不会无故忧虑自己是否能够真的保持安全。人生也是这样，面对很多问题，我们应该弄清楚真正需要面对的问题本质是什么，而不是盲目地慌乱忧虑。很多时候，我们需要通过剖析，转换自己的思想，看到事情需要解决的本质所在，抽丝剥茧，从而更好地提升自我解决问题的能力与效率。

不是每个人从一开始就能抽到一副好牌，也不是每个人一路上都能“开挂”。在漫长的生命里，我们不用那么急于求成。找准自己喜欢的事，一点点去努力，一天天去坚持，就会有实现的可能。在这过程中，或许我们会遇到很多不解，遇到很多难以解决的问题甚至当时感觉跨不过去的门槛，但是，经历之后，你会发现，事后的想法与之前的想法通常是截然相反的。既是如此，你有没有想过，为什么我们不在当初开始的时候，就选择转变思想，从另一个角度去思考呢？或许在那个当下，我们的思想只要有所改变，所有的事情就会不一样。而我们的人生正是由许许多多个当下组成，因此，转变自己的思想，其实就是在改变我们的人生。

不要错失身边的每一个机会

随手翻看近几年的社会资讯，了解引领社会风潮的年轻创业者们，我们都会发现这样一个真理：真正成功，最终做成大事的人，从来都是懂得抓住机遇的人。他们似乎都非常地有远见，在你还在刚刚了解的阶段时，他们早已将项目落到了实地。几年前你所感叹的不方便，心中默念的“要是怎么样就好了”，似乎都在眨眼之间都被变成了现实。你所小瞧的每一个小小的生活点滴，都变成了别人眼中的创业机遇，然后你会发现：只有紧跟社会潮流，制定适合自己的方向，并且抓住手边的每一个机会，你才能够用机会来证明自己的能力。而生活中的很多成功者之所以能够成功，也跟这一事实是分不开的。

曾经听说过这么一个故事：有一匹年轻的千里马一直在寻找属于它自己的伯乐。有人问它：“你知道你的伯乐长什么样吗？”“我不知道，但是我知道，当他出现的时候，我一定会有心灵感应的。”千里马信誓旦旦地回答道。当猎人出现的时候，他邀请千里马跟随他一起去走遍所有的山川冒险，千里马在心里犹豫了一下：不，我的伯乐怎么会让我成为一匹野马呢？他一定不是我的伯乐。于是，千里马拒绝了猎人。过了几年，当士兵出现的时候，他邀请千里马和他一起上战场去保卫祖国，千里马又在心里犹豫了一下：不，我的伯乐怎么会让我时刻处于危险之中呢？它摇摇头，拒绝了士兵。又过了几年，当商人出现的时候，他邀请千里马跟他一起去走遍国内外的商道，千里马还是在心里犹豫了一下：不，我的伯乐怎么会让我做这么辛苦的搬运工作呢？它摇摇头，还是选择了拒绝。日复一日，年复一年，千里马就一直这样等待着，从一匹年轻的千里马最终变成了一匹年老的千里马。这时，又有人问它："你知道你的伯乐长什么样吗？""我不知道，希望他能够尽快地出现。"千里马有点沮丧地回答道。后来，皇帝派钦差大臣来到民间寻找能够为皇家服务的良马，千里马认为他终于等到了自己的伯乐，赶紧找到了钦差大臣，告诉他说："我就是你要找的良马啊。""好的，那么，你曾经做过什么呢？你熟悉我们国家的山地吗？熟悉我们国家的道路吗？或者，有过战斗经验吗？"钦差大臣一连串问了几个问题，千里马有点懵，等回过神来却也只能连连摇头。"既然你什么经历都没有，又怎么能说你就是我要寻找的良马呢？"钦差大臣有点不高兴地说道。"因为我是千里马啊，我天生就能够日跑千里，夜跑八百啊。"千里马委屈地说道。"那么，请你跑跑看吧。"钦差大臣再次给机会道。千里马铆足了劲开始奔跑，却没想到，由于长时间的缺乏锻炼，还没跑到多远，它就已经气喘吁吁，再也跑不动了。这回，钦差大臣看了看千里马，什么也没有说就摇摇头走了。

你看，其实我们每个人都跟故事中的千里马一样，在没有成功之前，我们谁也无法断言到底谁是你的伯乐，什么机会才是真正能让你大放异彩的那一次。但是有一点，我们却可以确定：如果不尽力抓住身边的每一次锻炼自我的机会，最终也只能像这匹年轻的千里马一样，没有任何实力地白白变老。即便最后我们等来了真正的好机会，也只能因为没有能够与之匹配的实力而最终遗憾错失。

一个人的成功往往并不是因为获得了多么特别的机遇，而多数是抓住了我们身边很多看似并不起眼的机会。很多时候在你眼中非常寻常的事件在懂得抓住机遇的人眼中就是可以利用的时机。每个人想要的成功都不会是偶然的事件，而只有敢于抓住机会，才是我们人生正确的打开方式。永远不要小瞧身边每一个小小的机会，或许它就是你生命中的转折点也未曾可知。很多时候，可能我们在践行眼前的机会时会让你受到挫折，但是又有谁会知道，将来它不会成为你成功的种子呢?

这世上从来没有绝对的事情，没有人可以规划出一条完美的路线确保自己一定会获得成功，但是只有抓住自己手边的每一个机会，多让自己尝试一次，才有可能为自己多创造一个有可能成功的机会。而如果你退缩不去尝试，那么，你将永远只能止步不前，失去前进的能力。而当机会离你越来越远的时候，才是你最为遗憾的时候。因此，当机会来临的时候，不要害怕，不要退缩，有能力的时候果断抓住机遇，没有能力的时候也可以尝试抓住，给自己适当的压力，发挥出自己的潜能。失败了大不了重新再来一次，但万一成功了呢?

机会总是可遇而不可求的

曾经有一只小青蛙，有一次它在岸边散步的时候不小心掉进了小朋友们挖的土坑里。土坑很深，并且四周没有着力点，小青蛙尝试了很多次，即便使出了浑身解数，连蹦带跳，最终还是不能从土坑中脱身。而正当小青蛙沮丧地认为自己可能就要死在这个土坑里的时候，天空中忽然下起了瓢泼大雨，没过多久，土坑中就积满了雨水，小青蛙就这样轻轻松松地游回到岸上获救了。正是这次难忘的经历，小青蛙懂得了即便是偶尔掉进了土坑里，也没有什么需要特别担心的，因为天空总是会下雨的，只要下了雨，土坑中有了积水，自己总能有办法获救。于是，小青蛙开始得意忘形起来，为了显示自己的出色，它向自己的朋友们吹嘘自己逃生的经历，并且为了证明它说的都是对的。小青蛙承诺为它的朋友们再表演一次掉入土坑中还可以奇迹生还。只是这一次，小青蛙不再那么幸运。它在土坑中待了一个星期都没有碰上一个下雨天，反而每天都要忍受太阳的毒晒。于是，没过多久，又急又饿的小青蛙还没等到雨水反而被太阳晒死了。

人生也是如此，不要以为成功路上的机会总是很多，错失了这一次还会有另一次。更不要认为机会的来临总是理所当然的，你要明白，很有可能，错失了这一次的机会，你将会终身后悔。所以当机会来临的时候，我们需要牢牢抓住，这样才不会给我们的人生留下任何的遗憾。

宝林妈妈的单位每年都有一次免费去国外旅行的机会，这一次，公司同意她可以携带一名家属同行。于是，在同全家人商量之后，妈妈决定这次趁着暑假的时间，带宝林一起去旅行。宝林非常兴奋，因为这是她第一次出国旅行。没想到的是，兴奋之余却忙中出错，将身份证错拿成了公交卡，装到了文件包里交给了妈妈，以至于公司在审核身份的时候无法认证，时间节点又来不及，因而错失了这一次去法国旅行的机会。为此，宝林难受之余还大哭了一场。事后，宝林总结道：如果当时自己能够好好地检查一下自己准备的东西，及时发现自己的失误，那么就不会失去这次的机会了。现在想一想，从申请之初到最终提交材料，明明预留了许多天的时间，如果能够提前将东西准备好，这样哪怕出错了第一次，后面自己也有时间改正……现在，一切都已成了定局，什么也改变不了了。

很多时候，我们都同故事中的宝林一样，面对可遇不可求的机遇太过兴奋而没能把握得住。错失了时机之后，我们都会感叹，如果时间可以重来，那该有多好。偏偏，我们的人生从来就没有再来一次这个说法。这个世界从来不存在着“如果”，时间也从来不能倒流。因此，面对可遇不可求的机遇，纵使你太兴奋，也应当给自己预留出足够多的准备时间，以免忙中出错。机遇都是可遇不可求的，因此，当机遇来到你面前的时候，我们需要保持足够的冷静与淡定。抓住不可求的机遇努力表现是好事，但是相比较于有了机遇而不能好好表现，我们的人生宁愿从未抓住过这次机遇。

张超是个小胖子，但是平日里却非常地喜欢运动。就在前不久的时候，学校组织了一次青少年足球比赛，用以选拔同学组建一支本校的青少年足球队，张超非常想参加并成为他们的一员。于是，张超积极地报了名。比赛中，张超虽然是个业余选手，但是由于平时都在不间断地训练，最终，张超通过了初赛和复赛，顺利变成了青少年足球队的一名队员。他本以为可以借此机会，在球场上好好地展现自己，但是没想到的是，青少年足球友谊赛还没开始，张超就因为一次意外的扭伤，和这场比赛失之交臂。

人生总是这样充满了未知与意外，在一切没有尘埃落定之前，你永远都不知道明天和意外，谁会先来到你的身边。因此，当可遇不可求的机会来到你的面前的时候，当你足够幸运地得到了这次机遇的时候，请告诉自己学会珍惜，珍惜这可遇不可求的机遇。故事中的张超如果能够将参加青少年足球赛这个得来不易的机会好好珍惜，在平时的训练以及准备中好好保护好自己的身体，为最终的比赛做好各方面的准备，那么，他得到的必定又是另一番结果。其实，很多时候，我们都同故事中的张超一样，得到了好不容易的机会，千辛万苦地付出了自己的努力，却很有可能就在最后的关口因为一件不注意的小事就错失良机，而更可悲的是，一旦错失了最终的良机，前面再多的努力都会白费。因此，机遇总是可遇不可求，机遇也从不会平白无故就降落到你的头上，当机遇来临的时候，我们需要保持足够的努力与做好充分的准备，才能不让机遇溜走，不让我们的人生在后悔与遗憾中度过。

勇敢尝试，与后悔说再见

依稀记得上中学的时候，成为一名作家一直都是我的一个梦想。为此，我也在学习之余每晚都熬夜创作。有一天，班主任陈老师将我叫到教师办公室，对我说道："学校成立了一个国旗下的演讲团，每个班都需要推荐一名同学加入，我们班级我准备推荐你加入，你好好准备一下，你看可以吗？"年幼的我一听说要站在国旗下面，面向全校师生做演讲，与生俱来的羞怯与不安立刻浮上了心头，便猛地摇头向班主任做出了拒绝："这……陈老师，我不行的，在国旗下面做演讲要当着全校师生的面，写出来的演讲稿一定是高水平、高质量的，我虽然爱好写作，但是我的文笔还远远没有达到这么高的水平，陈老师，你还是另找班里那些文笔更好的同学吧。"

陈老师见我拒绝便问道："你不是爱好写作并梦想能够成为一名作家吗？现在有这么好的机会，你为什么要推辞呢？"可惜年幼的我当时并不明白，很多机会一旦失去了就再也没有了这样深刻的道理，并且也一直认为自己还很年轻，未来等到我文笔水平上来了，我再参加这样的机会不是更好？于是，我思考片刻，给了陈老师一个"冠冕堂皇"的理由："陈老师，我觉得这和我的梦想是两回事，我的确爱好写作并且梦想成为一名作家，但是我觉得自己目前文笔水平还没达到能够代表整个班级的程度。班级里，很多同学的写作水平都比我高，相比之下，我觉得我自己没有资格成为'国旗下演讲团'中的一员，我觉得不能因为我自己的梦想而霸占其他同学也想要的这么好的一个机会。"

就这样，年幼的我拒绝了原本可以属于自己的美好机会。此后的每周一，听到其他同学在国旗下文笔水平参差不齐的演讲，自己都会为自己当初的拒绝而后悔。其实很多时候，机会来临的时候，你硬着头皮上去做了也就做了，不管结果好坏，至少你不用因为从未去尝试过而后悔。

人生就是这样充满苦涩与无奈，错过的事情就再也无法回头。每当回忆的时候，你会发现，自己遗憾的从来只是那些从未努力去做过的事情，而绝不会是曾经勇敢尝试过后的事情。纵使当时的勇敢尝试以失败而告终，人生不过是增添了一个光荣的经历与排除了一个新的选项而已。可能你会因为失败而懊恼一阵子，但是绝不会因为未曾参与而遗憾一辈子。拿破仑·希尔曾经说过这么一段名言：“如果现在的你很贫穷，那么你应该静下心来思考这样几个问题——第一个问题，你为什么贫穷？第二个问题，你想脱离贫穷并且变得富有吗？第三个问题，你觉得自己应该怎样做才能让自己变得富有呢？”无疑，这三个问题归结到最终，最关键的就是解决第三个问题，而这也足以说明：人生中一切的问题都可以归结为如何行动的问题。

生活中总是会遇到很多“坐井观天”的人，他们拿着固定的工资，却总是不断地抱怨。抱怨自己工作的辛苦、生活的艰辛，抱怨上司的难以相处与别人的快速晋升，却唯独从不反思一下自己是否足够勤劳，足够努力。而生活中的强者们却极少抱怨，并不是他们从未有过这些烦恼，只是时间宝贵。人生苦短，与其浪费时间抱怨，不如将所有的时间都用来努力奔跑。而等你跑到足够远便会发现：生活中值得你去抱怨的人与事已变得越来越少。

人生不是动画片，我们也不是生活在可以肆意许愿的童话世界。每一个成就的达成不仅需要我们拥有智慧的头脑和勤劳的双手，更需要我们拥有一颗不顾一切的坚定决心。而只有敢于尝试，才可能最终获得成功。如果只是因为胆怯而放不下自己的重重顾虑，永远将自己束缚在自我舒适的区域内，人生必定是无聊且寂寞的。唯有勇敢尝试一下之后，你才会发现：很多时候，你不逼自己一把，你就永远都不知道自己的潜力可以有多么的强大。或许你害怕失败，害怕原有的稳定生活状态被打破，害怕一切未知的变数与无法预知的风险，但是，这并不是你裹足不前的理由。勇敢地迈出尝试的第一步，你会发现，其实，一切都没有想象中的那么可怕。即便真的失败了，大不了只是从头再来而已。既然人生已经糟糕到你想要去改变的时候，那么，还有什么是你所输不起的呢？

时间对于每个人的人生都是绝对公平的。相同的一生内，有人勇敢尝试，将生活过成了自己理想的模样；有人遇到任何挑战就停滞不前，最终只能是原地踏步，最终被时代淘汰。这两种显而易见的走向与结局，你会怎么选择呢？不要总是感叹人生的不公平，将感叹与抱怨的事件用来改变自己。既然我们无法改变过去，改变现实，那么，又何必浪费更多的时间在这上面呢？所以，当你有所想法的时候，当你想要改变命运的时候，当你想要重新书写人生的时候，勇敢地给自己一个尝试的机会，积极地面对任何可能存在的挑战。苦涩的人生总是需要付出辛劳和汗水的，而既然已经付出了辛劳和汗水，不妨再给自己的人生加点码，再给自己的生活加把劲，勇敢尝试，给自己一个新的选项，成就更好的人生。

第 11 章

不忘梦想，坚守信念，在未来遇见更好的自己

马云曾经说过：人可以十天不喝水，七八天不吃饭，两分钟不呼吸，但不能失去梦想一分钟。没有梦想比贫穷更可怕，因为这代表着对未来没有希望。一个人最可怕的是不知道自己要干什么。有梦想就不必在乎别人骂，知道自己要什么，才能坚持到最后。

每个人都有属于自己的梦想，它源于我们的内心，是美好且神圣的。正是因为有了梦想的存在，我们对未来才充满了期待与希望。但是，想要实现我们的梦想，光靠充满期待是不够的，还需要我们学会看清现实，凭借自己的努力，脚踏实地地去完成。就像稻盛和夫曾经说过的："年轻人都有想干一番事业的理想和愿望。不过，切莫忘记，那是靠一步一步、扎扎实实的努力来实现的。不想付出，一味描绘宏伟的蓝图，那只能是一场黄粱美梦而已。"

做最本真的自我

依稀记得刚刚毕业那年，去一个公司实习的时候，遇到过这么一个人，这么一件事，令我至今印象深刻：当时我们所在部门的工作间是属于开放式的开间，每天早上都会有人过来定时打扫。公司很大，光我们一个部门就有一百多平方米。因而，打扫的过程并不短暂，要花费很长的时间。工作很是繁琐，除了扫地、擦地，还需要给每个办公桌旁边的垃圾筐换上新的垃圾袋。坦白讲，这份保洁工作不算轻松干净，薪酬也未必很理想。

某天早上，我到公司很早，就在我认真研究着电脑里一堆乱七八糟的文件的时候，桌子旁边传来一阵塑料袋摩擦的声音。扭头看去，是一个三十多岁的姐姐正蹲在那边给垃圾筐换上垃圾袋。当时我非常不好意思，赶忙匆忙起身想要帮她，她却摆手笑着说："没事，你忙你的。"直到看着她将附近所有的垃圾筐都换上垃圾袋，我才忽然意识到，原来她就是我们公司的保洁员。那一刻，我很惊讶，因为她与我印象当中保洁员常有的样子简直相差了十万八千里。并不是说我们对保洁员有什么样的偏见，只是相对来说，平常生活中的我们，遇见的保洁员多半是四五十岁，文化水平较低的阿姨们。可以说，在我这二十几年的人生里，我从来没有见过向她这么优雅的保洁员。

天气好的时候，她会穿着细细的高跟鞋在那里擦地。工作闲暇的时候，她会坐在那儿安静地看书。每天中午吃饭的时候，尽管是她自己带的盒饭，在吃饭之前也是要摆盘的。自从我开始注意到她之后，我便开始习惯性地观察起她的言谈举止。她的服饰并不复杂，总是喜欢穿一件黑色的紧身连衣裙配上一双黑色的高跟鞋，披着一头中长发，简单却不凌乱。如果没有了解真相，一定不会有人认为她是保洁员。曾经，我从未认为自己会是一个对别人有刻板思维的人。却没想到，自己果然还是个俗人，逃脱不了目光狭隘的乱圈。在认识到这位保洁小姐姐以后，我才开始反省自己的无知和幼稚，也开始反思自我的人生。

很多时候，我们总是会听人说起自己生活的不容易。每每谈起自己为何会掉落到某个境地的时候，总是会有万般的无奈与无法改变的客观现实。诚然，人生在世，我们总是会有这样那样的无可奈何，然而，这一切都不应该是我们成就更好自我的借口。曾经，我特别羡慕一个做时尚工作的朋友，在我的眼中，她总是能够将自己打扮得美美的，在做着美美的事情。这应该是所有女孩子都会心生向往的工作吧。然而，在我向她吐露羡慕之情的时候，却听她在不断地抱怨着公司的姑娘一个比一个妖娆，于是她没办法，只好花钱去报了一个化妆班，让自己能够更洋气。然后我便明白：原来很多的事情，我们都是被逼出来的。普通人总是很容易被环境影响，并让自己看似理智地去选择最符合大众肯定的方案。我们就像是生活在人类社会中的变色龙，大环境是什么颜色，我们就会让自己变成什么颜色。或许我们的变化从未出自本心，只是因为“大家都这样”。

其实，人生在世，想要跟随大众，活得漂亮很容易，但是仅仅为了自己高兴而活得漂亮却并不容易。就像是每天早上在地铁里遇见的许多的漂亮的年轻姑娘一样，她们无一例外地穿着漂亮的衣服，画着精致的妆容。张口闭口都是英文名字，互相谈论着宁可吃六个月的泡面，也要买一个限量版的包包。她们很美，也很不容易，但是这种美却不是为了自己而活，而是被逼出来的。被大环境所逼，被周围人的目光和谈论所逼，被自我内心的虚荣所逼。当然，并不排除有像保洁小姐姐那样为自己而美的人。我想，那位保洁小姐姐之所以令人印象深刻，也正是因为她是在为自己而活，而优雅吧！

当你抱怨的时候，请想一想，其实我们每个人都会有很多的无可奈何需要去面对。人生在世，其实从来没有谁比谁活得更容易一点。我们都是在各自的世界里面挣扎与呐喊。但是，与其抱怨，与其责怪现实的无可奈何，不如将这时间花在不断的努力与提升上，不如将这吐槽的精力用在勇敢改变自我上。只要你足够努力并勇敢尝试，你会发现，其实，你可以做得比你想象的好太多。

心怀希望，一路前行

三四十年前，我们的父母辈尚在年幼的时候，生活中最大的幸福可能就是能够吃饱穿暖，永远都不用为了肚子饿而发愁；一二十年前，我们尚且年幼的时候，吃饱穿暖已经是非常正常的一件事情了，而能够令我们感到幸福的事情莫过于父母带着我们一起去逛街购物，买所有自己想吃的零食，漂亮的衣服；而现在的我们，有了自己的工作与一定的收入存款，出门逛街购物已经成了我们的日常生活，能够令我们感受到幸福的事情莫过于生活中的小仪式以及早日实现财富自由的可能。

能够让我们感到幸福的事情有很多，根据个人的不同情况也有所区别，我们大可不必纠结争辩。我想说的是，我们其实能够从这递进的过程当中看到时代的发展与进步，看到人类内心需求的发展与变化。诚然，不论是处于什么样的时代背景下，我们的需求都是在根据身处的环境不断变化的。生活从来都是相对而不是绝对的，很多你所认为的现在与永恒其实只是当下的一个小小瞬间。现在的一切从来都不能代表着未来的一切，充其量只能说是未来发展的一个基石。因此，即便现在的生活不尽如人意，也不要气馁与悲观，现在的困境只是人生路上的些微阻碍。当你勇敢地挺过去回头再看的时候，你会发现，曾经你所认为的不可跨越其实只是一时的障眼法。只要心怀希望，你内心的自信与光芒终会照亮你未来要走的路。

评判一个人的标准有很多，我们不应该仅用工作的好坏与财富拥有的多少就去判断他的好坏。过去的已经过去，现在的状况也不能代表未来以及永远。很多时候，你看到一个人，他没有很好的工作，也没有很多的物质财富，但你却不能轻易地判定说：他的未来一定没有更好的可能。每个人内心的品格是不外露的，但却是决定我们未来的重要因素。或许你眼中的他暂时没有很好的工作与丰富的物质财富，但是在他的内心里，却有着满满的希望。而只要心怀希望，就不会对未来失去奋斗的热情，就会有决心改变目前的一切。既是如此，这样的人就是值得我们去尊敬以及学习的。

很多时候，我们经常会发现这样一个事实：在我们刚开始做一件事的时候，没有任何人会给与你任何方向的指引，那时的我们很像在雾中行走。你极力地向远方眺望，远远望去，也只看到一片迷蒙，辨别不出前进的方向。但是，当你鼓起勇气放下忧惧，一步一步向前进的时候，你会发现，其实每走一步，你都能够把前路看得更清楚一些。因此，心有梦想的时候，就不要只是让自己站在远处观望，选择踏踏实实地往前走，你就可以找到属于自己的方向。

这样的过程或许会很辛苦，一路前进的时候会遇到很多的诱惑以及阻碍。但是，生活就是这样，如果你希望自己能够拥有比别人更加高远的成就，必然的，你就需要比别人担负起更多的责任，承受到更多的阻碍与磨难，这从来是公平且一致的。古语说我们不能因噎废食，现在，同样的，我们不能够因为已知会遇到一定的困难就不再相信人生的希望，不再去努力奋斗。人生应该是越战越勇的过程，而不应该是自暴自弃的苟活。人生在世，如果你没有任何的上进之心，前途就没有希望可言。人生从来都不是因为看到了希望才去努力，而是因为你足够努力才能看到越来越多的希望。当你立志想要有所成就的时候，只要心怀希望以及坚定的信念，你就会发现，无论遇到什么样的艰难困阻，你都能够找到突破的方向，到达梦想的彼岸。

或许，我们现在的生活很平淡，很普通，但这正是人生的常态。即便当下的我们没有优渥的生活条件和丰富的物质财富，我们却还是有能够好好把握并充分拥有的东西，那就是内心的希望。希望是我们每个人都能够拥有并且没有任何门槛要求的。它不需要我们一定要拥有足够多的物质财富，也不需要我们到达一定的社会阶层。只要你学着将内心打开，学会宽容，用积极向上的内心去取代生活中的悲观与消极，就能够轻松地拥有满怀的希望。无论在人生的何时何地，内心的希望都不应该是我们选择丢弃的。因为，无论你的处境如何，只要拥有希望，心怀坚定，一路前行，最终的你，一定能够到达梦想的远方。请你相信，只要我们心怀希望，将生活中平凡的小事做到不平凡，在每天的生活中都下定决心要做得更好，努力朝着自己的理想前进，一步一个脚印，长此以往，我们的梦想终会变成现实。

抓牢梦想的翅膀

伟大的天才科学家霍金曾经说过：“如果一个人没有梦想，无异于死掉。”霍金的说法可以说是对梦想的极致阐述。诚然，梦想是我们前进的动力、力量的源泉以及生活的希望。只有有了梦想的存在，我们的生活才不会觉得平淡，内心也不会觉得空虚，奋斗起来才不会盲目。梦想源自于我们内心的渴望，源自于我们内心对某件事物或状态的追求与憧憬。在我们决定要为了梦想踏上征程的时候，就注定了这一路的风雨兼程。必然，在这个过程当中，我们会经历坎坷，会走入困境，会在这种种磨砺之后发现：梦想总是实现于现实的耕耘。我们的努力可以让梦想触碰到现实，也会让你发现一切和想象中的差距甚远。但是，请你相信，只要我们不改初心，一步一个脚印，勇敢地坚持走下去，那么梦想和现实总会有接轨并落地的那一天。

上小学一年级的时候，我记得老师询问我们每个人的第一个问题就是："你的梦想是什么？"那时的我们可能尚未懂得梦想的具体含义，却也能人云亦云地说出各种千奇百怪的梦想。实则，在这世上，我们每个人都有属于自己的梦想。而能否实现这样的梦想，关键都在于看你如何去想、如何去做。因为人生的很多成败其实往往也就在那一念之间，穷富的差距往往就在于我们思想的不同。但不可否认的是，通常，有什么样的想法就会有什么样的未来，有什么样的想法就会有什么样的生活。这并不是说意识决定物质，而是恰恰说明意识对物质能够产生的巨大作用。因为在某种意义上说，个人的梦想可以看成是我们对自我的最高定位与要求，是自我对未来的期许和展望。有梦想的人通常敢于对自己提出更高的要求，做出更高的定位。而没有梦想的人，不能说他绝对是一无是处，但是至少说明，没有梦想的人，他的定位是不清晰的，未来是晦暗不明的。就像美国作家休斯曾经说过的："要抓牢梦想，因为你的梦想一旦消失，人生就像是断了翅膀的鸟儿，再也不能飞翔。"

印象中有这样一位大学同学，或许是因为出生在偏远的山区，或许是因为初入大学对大城市的畏惧，或许是因为从小所处的家庭环境的原因，这位同学是我见过所有同学当中普通话说的最差的一个。每次跟她说话的时候，我们都会开玩笑地喊她“小饶舌”。小饶舌的普通话带着浓厚的地方方言的味道，经常是平翘舌、前后鼻音不分。但是这丝毫不影响她对于自我的表达和对学习的热情。

大二的时候，为了考取更多的证书挣得更多的学分，我们都在犹豫是不是要考国家级的普通话证书。犹豫是因为大家自认为自己的普通话与标准的普通话之间还有着很大的差距，所以不想贸然地考取。但是当小饶舌告诉我们她要考取普通话证书，因为她的梦想是有朝一日成为播音主持的时候，所有人似乎都被鼓足了勇气，果断地报名了普通话证书的考试。现在想来，这对小饶舌带有明显的不尊重，但在那时却是对她语言不标准的客观事实反应。

然而，所有人都没有想到的是，最终的考试结果，小饶舌的分数最高，获得了二级甲等的评判，而我们大多数都是二级乙等。这时，大家才发现，不知不觉间，小饶舌的普通话已经说得相当好了。没有人问过她在平时默默下了多少功夫，只知道，渐渐地，再也没有人叫过她“小饶舌”。

梦想是对现实的突破。有了梦想的存在，我们的生命才有了更多的意义，生活才会更加的多彩。可以说，人类所具有的种种力量之中，最神奇的就莫过于心怀梦想的能力。有伟大梦想的人，即便前方布满了带刺的荆棘，也不足以阻挡他前进的步伐。而要把梦想变成现实，请你记住，这一切都只能是依靠我们自己的努力。只有付出不懈的努力，才会实现属于我们自己的梦想。

拥有梦想是每个人都能够轻松做到的，而更为重要的是我们要学会激励自己去实现梦想。当你拥有了梦想的时候，它就会像一枚指南针，指引着你走上光明的道路。就像美国总统杰斐逊曾经说过的："当你有了一个伟大主意的时候，就去做吧。"拥有梦想的时候，选择付诸行动，成功的希望就至少有50%。但是，如果你的好主意和奇妙构想只停留在嘴上，成功的机会就只能是零。因此，当你心怀梦想的时候，就果断去朝着梦想努力吧，快速而符合方向的行动永远都是正确的。抓牢属于你的梦想，为自己的人生插上理想的翅膀。

用脚踏实地的行动去实现梦想

俗语说："心急吃不了热豆腐。"这句俗语告诉我们：无论做什么事情，我们都需要戒骄戒躁，脚踏实地地往前进。只有让我们的生活有目标，有计划，才能让我们的生活变得充实，让我们离成功越来越近；反之，如果一味的浮躁、急功近利，最后的结果很可能只是一事无成，一败涂地。追求梦想的过程也是如此，梦想的实现需要我们脚踏实地地用行动去做，而不是夸夸其谈就好。这一点，当你在翻看众多实现自己梦想的成功者的履历时，会感受得尤为明显。

日本明治维新的时候，电车刚刚传入日本，彼时的松下幸之助只是一个自行车厂的小职员。尽管自行车在当时的日本还是很盛行的状态，松下幸之助却大胆猜测以后的日本一定会大力发展电气行业，单就电车来说，实在是比自行车要方便太多了。

有了大胆猜测之后的松下幸之助立刻辞去了自己在自信车行里的工作。他的这一举动受到了家中亲朋的强烈反对，要知道在那时，能够在自行车行里工作是多少人梦寐以求的一份工作。但是松下幸之助并没有被动摇，依然坚持自己的决定。他辞去了自行车行里的管理工作，来到一个电气公司，因为他没有任何的电气经验，只能从最普通的电工岗位做起。但是，这一切困难都没有打倒松下幸之助。凭借着对电气的热爱和自己的勤奋努力，松下幸之助很快就从一堆工人中脱颖而出，变成了公司的小主管。虽然变成了小主管，松下幸之助也并没有放松下来。他不断地参与公司的研发项目，希望能够找到发挥自己真正才能的地方。然而，当他兴致勃勃地将自己的新研发方案告诉顶头上司的时候，他的上司却连看都没有看一眼，只是指示他做好分内的事情。上司的举动无疑打击到了松下幸之助的热情，慢慢地他发现，如果想要实现自己的梦想，一直在工厂里打工是不行的。就算领导赏识你的才能，想要推广你自己的研发，还有很多的阻力需要克服。想要真正发挥自己的才能，只能是自己出来开工厂创业。就这样，松下幸之助再一次不顾家人的反对，辞去了电气公司的主管工作，自己筹集资金开办了自己的小工厂，生产的产品就是自己研发的新型电灯插口，而这个工厂就是现在大名鼎鼎松下电器的前身。

事情说来容易，做来却总是那么难。刚刚成立的小工厂，尽管松下幸之助本人对他们的产品信心满满，别人却并不这么认为。一时间，生产的商品销售不出去，也没有其他厂家的订单来源，这让刚刚成立的小工厂随时都面临着倒闭的危机。实际上，这个小工厂连松下幸之助夫妻两人在内，一共也就五个人。但是面对重重困难，松下幸之助却从未想过要放弃，即便到了连工厂租金都付不出的艰难时刻，他也没有想过要就此关门，放弃他自己的梦想。他们想尽办法坚持着，煎熬着，终于在同年底的时候等来了一笔订单：帮助一个生产电风扇的工厂代加工一批电风扇的底座。这笔订单不算很大，但是对于那时候的松下幸之助来说却是雪中送炭。正是有了这笔订单带来的利润以及积攒的良好口碑，他们的工厂被越来越多的人认可并收获到了越来越多的订单。

创业从没有想象中的那么轻松，即便是从当初的小工厂发展到了后来的松下电器集团，松下幸之助遇到的困难也并没有因此而减少。时代在发展，企业在不同的发展阶段，遇到的困难也是不一样的。然而，不论境遇如何变化，松下幸之助有一点认知却从未发生改变，那就是对自己梦想的坚持和坚定。也正是这样脚踏实地，朝着梦想的稳步前进，松下电器最终成为了在全世界都有着极高知名度的电气公司，而松下幸之助本人也从一个小小的自行车员变成了蝉联日本30年“最高额纳税人”的成功企业家，实现了自我人生的质变。

你看，松下幸之助用他的奋斗经历告诉我们，追求自己的梦想，其实真的没有那么困难。只要坚持将自己认准的事情做下去，不管遇到什么样的困难，都不要放弃，坚信有付出就一定有回报，用忍耐和坚持取代放弃与抱怨，再掌握一定的方法，最终，一定能够实现自己的梦想。

很多时候，人生就像是一条长河，而磨难只是我们过河当中的小小石头。实现梦想的过程往往就是我们历经万难到达河对岸的过程。在这过程中，我们可能会遭遇到岩石的撞痛，却也能收获到晶莹剔透的浪花。所以，请你务必相信，懒惰可以毁掉一个人，而勤劳却可以激发一个人。当你有了梦想以后，就请脚踏实地地行动吧，梦想实现的过程需要你我更多的行动。希望你我都不要在人生夕阳西下的时候，才对自己说起想当初、要是、如果之类的话语。这世上从来没有后悔药，也没有时光机的存在。所以，当你懒惰犹疑的时候，当你图轻松省事的时候，当你贪图享受的时候，问问自己：眉毛上的汗水和眉毛下的泪水，你，选择哪一个？

实现梦想，你只需足够努力

生活，有时候就像是天气，有晴天就会有阴天。在晴朗的日子里开怀大笑似乎是件很容易就能做到的事情，而在阴天的时候仍然放声歌唱却并不是每个人都能做到的。很多人都说，因为诸多无可奈何的客观条件限制，所以导致自己没有心情去追求更加美好的生活。实则，生活的质量其实和生活的形式不应该成为绝对的正比关系。只有内心的满足感才是我们获得幸福的重要途径。或许，现在的我们暂时没有钱，也没有足够多的能力让自己迅速过上富足的生活。但是，我们现在拥有什么并不重要，重要的是未来你想要拥有什么。我们可以允许自己穿廉价的衣服，吃廉价的食物，住廉价的房子，但是我们却不应该允许自己有廉价的思想。当我们的人生已经足够艰难的时候，拥有的只能是坚持与努力，而不应该是随波逐流。

或许曾经的我们都有过追求梦想的时刻，只是梦想这东西太过抽象，有时候就像是一针兴奋剂，时间长了，总会有药效过去的那一刻。而残酷的社会与生活无疑是加速这兴奋剂衰弱的所在。当药效变弱的时候，或许我们会对自己的梦想产生疲倦，会对自己所有的奋斗与追求产生质疑，会因为对目前状态的无可奈何而感到沮丧。但是，我们的人生正是因为有了梦想的存在而变得更加的精彩。没有梦想的人生就犹如一潭死水，一个有梦想、愿意追逐梦想的人才不会辜负我们这一生一世的美好时光。人生正是因为有了梦想的推动才会有了更高的定位基点和更高的生存境界。况且，如果梦想终将疲倦的话，我们能做的，其实只剩下继续的努力和坚持。这个过程很难却别无他法，你想要有所获得就只能实打实地付出，一分耕耘一分收获是自古不变的真理。我们的生活就像是一个自带冷漠脸的路人，在你没有与他相熟之前，面对你的只有冷若冰霜和吝啬自私。而当你付出了足够多的努力与坚持，终将，他会对你展开笑颜。你会发现，其实生活这张冷漠脸的背后藏着一颗滚热的内心，只是不够努力的人触碰不到。

追求梦想的过程从来不会很轻松，有着你难以想象的艰难和枯燥。但是，却是这世间最为公平的存在，不论你是什么样的身份，有着什么样的出生和家庭背景，在追求梦想这条路上能够遇到的困难却是一样的。首先，我想要告诉你：心急吃不了热豆腐是真实的存在。处境即使再困难，也需要我们脚踏实地地去努力拼搏。只有将我们的汗水化成一步一个脚印的踏实行动，你得到的结果才是真实且有效的。或许，你可以通过一时的取巧获得一些想要的东西，但是，时间与经历终会帮你淘尽所有的泥土。你表面上拥有的所有虚高最终都抵不过磨难一次小小的冲击，因此，请学会用我们的耐心和宽容取代内心的急躁，用脚踏实地取代急功近利。

无须赘述，我们都能够明白急功近利通常并不会给我们带来什么好结果。目前的工作都还没做好，却自傲地认为自己可以胜任那些多年后才能达到的工作，这样的拔苗方式所获得的一时的助长必然只能带来一时的虚假收获。很多时候你所认为的“我觉得我已经可以了”其实只是初生牛犊不怕虎的盲目自信与无知。管中窥豹的时候，你以为你看到了全世界，而当你有足够的能力每天去面对一切的时候，你才发现，还有更多的未知是你无法了解的。这时候的你，反而开始学会虚怀若谷，开始学会谦虚低调，并不是你变得越来越弱了，而是你有了更多的认知，对自我的认知有了更多的了解与对比。因此，追求梦想的过程中，请学会保持我们的平常心与耐心，多给自己一点时间，让自己学会坚持与忍耐。这样坚毅而不急于求成的你会比他人更加宽容，更加懂得生命的意义以及梦想的高度。然后，你会发现，只要找对相应的方法，掌握正确的人生态度，积极向上，不断努力，终有一日，你可以将自己变成你曾经仰慕的那个人。

我们常常会羡慕别人的幸运，但你不知道那其实是别人酝酿了很久才发出的光芒。你羡慕别人的美好，却不知他们在背后付出了多少，还傻傻地将这一切归结于他们的好运气。可是，这世上哪有什么天生的幸运？不过都是以往努力的积攒。只有当努力到了一定的程度，幸运才会与你相遇。

第12章

不忘学习，你才能每天稳定地超越自己

从小到大，学习应该说是我们成长过程中的头等大事。上学的时候，成绩几乎是我们每天为之奋斗的终极目标。年幼的时候，有父母和老师“盯着”我们的学习，在他们的谆谆教导中，我们被安排充实地度过了一天又一天。那时的我们总是痛苦与无措的，仿佛被逼着学习的受益人是父母和老师，而不是我们自己。总是在长大以后，我们才发现，学习从来不是别人的事情。学习应该是我们发自内心的渴望与获得自我满足的途径，更是提升自我人生品质的必经之路。

学习是一项终身事业

作家史铁生曾经说过这么一句有点粗俗却很正确的话：人与人之间的差别，大于人与猪之间的差别。他的这句话乍一听难以理解，实际意思却很明了。任何一个人与一头猪之间的基因差别都可以说是恒定的，可以有具体数值量化的。而人与人之间的差别却是不一定的。不同经历的人会有着难以想象的差别，即便有着相似的经历，如果遇到不一样的环境与发展，他们之间能够产生的差别也有可能大到超乎你的想象。而造成这巨大差别的因素，除了环境与经历，学习可以说是一项首当其冲的因素。

从古自今，绝大多数的人才都喜欢以千里马自居，渴望能够遇见为自己提供机遇的伯乐。而纵使自己真的是一匹千里马，即便拥有再良好的基因和优势，在没有遇到伯乐以前，如果没有持之以恒的学习和锻炼用以维持与巩固曾经的本领，最终的结果也很有可能是遗忘本领而带来的失败。其实在平时的生活中，这样的情况总是很常见：一个平日就不懂得学习，不懂得努力、不思进取的人，即便后来真的遇见了能够改变他命运的机会，他也难以抓住，只会让机会从他手中白白溜走。反之，一个越是喜欢学习的人越是努力，越是能够依靠持之以恒的学习取得进步，最终，他拥有的选择就会越多，他能把握的机会也就越多。如此的良性循环在别人看起来，就会觉得他的运气一直都很好。其实，人生总是很公平，很多你看来的好运不过是别人辛苦学习积攒而来的喷发。这样的道理其实就正如龙应台曾经在写给儿子安德烈的信中说过的：孩子，我要求你用功读书，并不是因为我要你跟别人比成绩，而是因为，我希望你将来会拥有更多选择的权力。你可以自己选择有意义、有时间的工作，而不只是被迫谋生。当你的工作在你的心中有意义的时候，你就会有成就感。而当你的工作能够给你时间，而不是剥夺你的生活的时候，你就会拥有更多的尊严。而成就感和尊严，最终会给予你人生最大的快乐。

生活中的我们经常会听到有人这么说：为什么有些人这么幸运，总是能收到上天的青睐，而我却被逼得走投无路？问出这种话的人通常从来不会懂得反思自己，更不要提每日的学习进步。他只看到别人自带幸运的光芒，却不曾想每个人的幸运其实不过是常年学习积累之后的厚积薄发。每年大学毕业季的时候，擅于学习者与不擅者之间的差距会更加明显。你会听到有人在抱怨自己刚毕业就失业，求了十几年的学，到头来连自己都不能养活，人生的路仿佛越走越窄。而有的人却在开心于一毕业就收到了诸多大企业抛来的橄榄枝，他们认真地对待每一份工作，并且从不忘记通过努力学习来充实自己。只需几年的时间，他们就能和身边不懂学习、不思进取的人拉开相当大的差距，成了别人眼中的佼佼者。

人生就是这样，人与人之间很容易就会产生巨大的落差。道理其实很简单：当你沉迷在游戏中的时候，别人正在扩展人脉；当你在床上拖延的时候，人家早已出门跑步锻炼了；当你在抄论文的时候，别人正在勤奋地做课题调研；你在花时间追剧、打游戏，人家在学习与进修；你在浪费自己的时间应付工作，别人在不断地创新学习新技能；你在花精力抱怨生活中的一切不如意，别人却在想办法解决问题，让人生更美好；你在得过且过，别人却在精益求精。本就比你优秀的人还比你更加的努力，你又有什么理由去抱怨自己的运气比不上别人？你又有什么理由去为你的失败找借口？

学习是一件别人无法代劳的事情，个中的辛苦只能你自己去承担。同时，学习也是一件别人无法分享的事情，自己学到的劳动成果别人也无法抢夺。只要你舍得投资，将所有的碎片时间用于学习，长此以往，你就能够学到比别人更多的知识，掌握更好的方法，改变自己的命运。就像富兰克林曾经说过的：“花钱求学问，是一本万利的投资，如果有谁把所有的钱都倒进了脑袋中，那就绝对没有人能把它拿走了。”请你牢记：良田万顷，不如薄技在身。不论在什么时候，学习都值得我们坚持一生。

保持学习，才能站得更高

这些年，我们听说过很多的“读书无用论”，最终却发现：古往今来，但凡有所成就的，没有谁与学习无关。学习改变命运，知识掌握人生，已经变成了大家的共识。十年前，韩寒称自己不后悔退学。十年后的今天，韩寒却说："退学是一件很失败的事情。"曾经的年少气盛终究抵不过岁月的打磨与沉淀，即便如今的韩寒已经取得了无数人羡慕的眼光，拥有了无数人羡慕的财富以及向往的生活，已经奔向不惑之年的韩寒终归还是选择了正视自己的过去，意识到了当年的错误，重申了学习的重要性。

著名作家王蒙曾经也说过："一个人的实力绝大部分来自于学习。"不管是我们的生活、工作，还是与人交流，其实都离不开学习。学习，不断的学习能够让我们不间断地获得新的知识与补充，能够让我们汲取到新的知识，不断提升自我。学习，说到底，是一件我们应该终身坚持的事业。

学习到底有多么重要？我想答案不言而喻。就正如著名的科学家牛顿曾经说过的："如果说我比别人看得更远些，那是因为我站在了巨人的肩膀上。"反之，《庄子·秋水》里曾经说过："井蛙不可以语于海，拘于虚也。"牛顿之所以能够看得更远，是因为他通过不断的学习，站在了无数前辈打造的高地上，视野开阔。而井底蛙之所以认为天地也就井口那么大，也归咎于它的视野问题，它被井口所局限，而看不见天地的宽广，也就造成了它的无知。其实，我们的人生也是一样，在我们每个人的认知领域里面，都会有着许多我们并不理解的未知领域。只有通过学习这把万能钥匙，才能帮我们打开一扇扇的大门，使我们能够见识到更广袤、更精彩的世界。

学习就犹如太阳，如烛火，如大海中的灯塔，能够让我们在黑暗中看清方向，找对道路，为我们指明前进的方向。学习不但意味着要接收新知识，还要通过新知识的学习修正我们过去可能错误的认知。就像毛主席曾经说过的：“情况是在不断地变化的，我们要使自己的思想去适应新的情况，那就只能通过不断的学习。”进学致和，行方思远，学习归根究底是通向真理、通向知识、通向光明的选择。“立身以立学为先”，早在北宋年间，大文学家欧阳修就提出过这样的观点，意思就是：修养个人的品行，应该从自身的学习开始。对于我们每个人来说，学习都是校正我们的世界观、人生观、价值观的“立身之镜”。不断地学习就是在不断地更新自己的知识储备，检视自己的过往。能够帮助我们看清自己，正衣冠，修形象。就像老子曾经说的：“知人者智，知己者明。”

蔡康永在他的《说话之道》里面说过：十五岁的时候，你觉得游泳很难，于是你就放弃了游泳。等到十八岁的时候，你遇到了一个你非常喜欢的人约你去游泳，你只好说：“我不会耶。”十八岁的时候，你觉得学英文好难，于是又选择了放弃。等到二十八岁的时候，遇到了一个很棒但需要会英文的工作机会，你只好说：“我不会耶。”人生就是这样，前期越是嫌麻烦，懒得学习的东西，后期就越有可能会让你错过动心的人和事，错过人生中的新风景，错过原本可以属于你的大好时机。

而我们的人生之所以残酷，也就是因为的确如此。人生没有后悔药可以吃，也没有时光机能够让你回到过去。很多时候，我们年少时选择的目光短浅的“安逸”极有可能就会发展成未来无数次的捉襟见肘。

偷懒时为我们自己找的借口漏洞百出，最终也只能让我们的生活千疮百孔。我们的人生从来不会因为你读书时没有选择迎难而上，就善解人意地只将你地命运调成“简单模式”。同理，你在学习上表现出的缺乏的特质，很有可能就会在你今后的人生道路上成为阻碍你前行的陷阱。

站得高才能看得远，这个世界从来都是公平与公正的。有人说，这个世界终将严厉地惩罚那些不会学习的人。诚然，每当我们在工作或是生活中遇到无法解决的难题的时候，你会发现：那些你曾经在学习上偷过的懒，在未来，生活都会以另一种方式“回馈”给你。因此，希望你我都能够牢记学习的重要性。当你想要偷懒，对学习感到厌倦的时候，记得告诉自己：现在的学习与努力是为了能够让以后的你拥有更多选择的权利，能够给现在的你不断的前进动力，走得更高，看得更远。

有所深学，有所浅学

人生在世，我们都想要干出一番事业，想要得到更多更好的物质生活，想要追求更深更远的人生价值……那么，我们应该要怎么做？我们能够做成事业的资本是什么？

其实，资本就是我们自己。无论我们之前是什么样的状态，处于什么样的生活之中，只要从现在开始，下定决心，力争上游。用学习和努力取代浪费个人的时间，最终，我们一定会有意想不到的收获。学习是能够让我们的人生获益最大的投资，这一点可以说是毋庸置疑的，我认为，人类从来都不是生而知之，生而能之，而是学而知之，学而能之。不同的人有不同的特质，即便是在相同的环境里面，面对不一样的个人特质，通过自身的学习，也多半会形成不同的理论体系。而这，正是学习附加我们个人多样性而形成的别具一格的魅力。

在这世上，没有哪一个人的才能不是靠学习造就的。人生之中，我们偶然获得的机会有可能会在顷刻之间失去，费尽千辛万苦拥有的财富也有可能会在一夜之间缩水，唯一能够永恒拥有并不断增值的就是我们自身的才能。而才能从哪里来？诸葛亮在《诫子书》里面给出了答案：非才无以为贵，非学无以广才。

才能的获得说来容易，想要失去却更加的容易。面对因为时代快速发展而造成的才能恐慌，我们应该怎么办？其实，唯一的出路就是学习。但是，在今天这种知识爆炸、知识共享、即时通讯、即时查询的时代中，学习也早已不是传统意义上的学习方式。在以前的知识垄断时代，人们有可能会为了一本书而争得头破血流。而在如今的知识共享时代，我们每个人都有能够获得人类所有知识、智慧和成果的途径与方式。就好比，假如有人问你："你知道最近抖音上大火的'安排'是什么意思吗？"如果你回答不上来，并不代表你不是一个聪明的人。你完全可以对他说："给我一点时间，我过一会儿告诉你。"而在这一会当中，你有很多种途径可以查询到你想要的答案。

这是时代带来的学习的便利，却也是时代带给我们的更大的压力。面对时代的迅速发展与更新，只有每天学习，将学习作为一种终身事业，时刻保持，才有可能将自己立于不败之地。学习的方式与方法有很多种，面对新的时代与新的形势，我们也应该转变自己的思想，用新的学习方法应对急速变化的时代。那么，在新的时代下，我们应该要怎样学习呢？“有所不为，才能有所为”，放得下，才能拿得起。对次要的东西舍不得、丢不掉、放不开，在人生主要的方面就难有收获。尼采说：“并不是所有的知识对我来说都是有用的，对于有的知识，我永远都不想知道。”智慧其实也给我们的认知划清了做人的界限，并不是所有的道理都适用于我们每一个人。就正如韩寒曾经说过的：“听过很多的道理，却依旧过不好这一生。”而过不好的原因，正在于这些道理未必适用于我们每一个人。“有所不知，才能够有所知；有所不学，才能够有所学。”而我们的人生，不光是要有所学，有所不学，还要有所深学，有所浅学。

人生在世，我们会遇到很多的人和事，听到很多人讲各自认同的道理。这些道理里面，包含了个人的人生感悟与道理总结，有值得我们学习的，却也有我们应该远离的。而作为新时代的新青年，在学习之前，我们更应该学会辨别，学会挑选。我们既要学会根据个人的兴趣爱好、天赋擅长去进行挑选，更要根据我们人生的志向去进行取舍。人生在世，我们每个人都有不同的成长环境与家庭背景，这就决定了我们各自不同的个人特质和人生志向，也让我们形成了不同的人生需求。因而，我们不能盲目地将自己的时间用于学习看到的一切，而应该有所取舍，有所甄别，将有限的时间投入于更加贴合我们人生走向的学习中。

保持终身学习，让学习成为自我的一个习惯是我们所提倡的。但我们并不推崇盲目的、广撒网式的学习。世界上的奥秘是无限的，就算穷极我们的一生，或许也无法将这世间所有的奥秘都探究清楚。与其将所有的精力都花在学习每样事物的皮毛上，不如将有限的时间投入进一个或两个的优势点上。相较于什么事情都是略知一二，我们更加希望你能够在某一项特定的事物中有所精通。

提升自己，从每时每刻做起

有这么一道脑筋急转弯：假如荷塘里有一片荷叶，它每天都会按照一倍的速度增长，假设三十天的时间，这片荷叶能够长满整个荷塘，那么，请问第二十八天的时候，这片荷塘里有多少面积的荷叶？

从前往后推理答案，很难。所以我们应该要从后往前进行推理，很快就能得出答案是四分之一的荷叶。初次算出这个答案的时候有点让人难以置信，是啊，前二十八天与后两天的占比悬殊实在太大。但是，你仔细核算，发现答案正是四分之一没错。假如在这个时候你站在荷塘的对岸，你会发现，荷塘中的荷叶还是很少的，毕竟才长满了四分之一，然而，谁曾想，仅仅是两天之后，荷叶就能长满整个荷塘。

其实荷叶增长的速度都是一样的，只是在前二十八天的时候，荷叶的数量太少，尽管每天都是以一倍的速度在增长，奈何荷塘太大，荷叶只占到了那一个小小的角落，实在看不出什么差别。而一旦小具规模，就会有令人惊奇的质变。我们的人生其实也是一样，初次学习的时候，即便我们每天也都在进步，但是就如同那个增长的荷叶一样，任何人都会有一个量变积累的过程。并且，根据每个人领悟能力的不同，量变积累必定也会形成不同的时间需求。在这量变积累的漫长时间里面，我们可能看不出有什么样的差别，很多人便在这个阶段选择了放弃。殊不知，只要再多坚持两天，就能够一扫前面二十八天的灰暗，迎来质变的突破。很多人常常只对第二十九天的希望与第三十天的结果感兴趣，却不愿忍受前二十八天的漫长积累，甚至选择了放弃。而这，也正是成功与失败，坚持与放弃之间的忍耐博弈，只要坚持下去，我们的人生就终会有所突破。

坚持学习，每天都让自己有所进步。即便每天只进步一点点，经年累月积攒以后，它就会具有无穷的威力。前提是，我们应该有足够的耐心和信心，能够坚持到第二十八天以后。曾经有人说“万般皆下品，唯有读书高”。或许，这样的观点在如今这个开放多元化的世界里面已经不再适用，然而，养成爱学习、爱读书的好习惯却永远不会过时。

有人曾经做过调研，发现世界前五百家大企业的CEO们在业余时间最喜欢做的一件事情就是阅读。纵使他们的事物很多，时间很紧，却仍然会在每个星期保持翻阅大概三十份杂志或图书咨询，一个月翻阅一百多本杂志，一年翻阅一千本以上。可以说，学习与保持进步已经成了他们的习惯，融入他们的骨血。对此，你有何感想？这个世界上总是有着太多太多优秀而又努力的人，很多时候，不是因为他们生而优秀，只是他们更能够懂得学习的重要性与坚持的意义。每个人在出生的时候其实都是一样的，时间对于我们每个人来说也都是一样的公平。只是，你在一天24个小时里与他在一天24个小时里做的是完全不同的规划与行动，人生的差距也就如此拉开。每每放弃之后，总能听到有人抱怨自己没有时间，有人抱怨自己没有精力，更有甚者抱怨自己没有能力。其实，不过都是自己不想坚持忍耐的借口而已。

比你优秀太多的人都在花时间学习和进步，你又有什么资本、什么借口去放弃？只有奋起直追，尽可能地缩小我们的人生差距。请你相信，这样的过程是辛苦的，却也是值得的。试想，如果我们每天花费15分钟的时间用于读书，一个月之内我们就可能读完一本书，一年之后，我们就有可能读完十二本书，十年之后就有可能读完一百二十本书。这样的结果听来是令人澎湃而不可思议的，分解到每日的行动中却是细小而容易的。只要，我们能够选择坚持。

生活需要我们学会不断的尝试与挑战。当你能够通过学习扩大我们的生活领域，勇敢尝试新鲜事物的时候，你就绝对不会拥有一个孤寂无聊的人生。当你学会每天学习的时候，其实就是在给自我的认知做不断的覆盖与更新，长此以往，你会为自己打开生活中的一个个新的层面。最终，你会对自己的人生惊喜不已。因此，让自己学会自律，利用好我们的碎片时间，将有限的时间投入到无限的学习中，战胜自我的惰性与不良情绪，将自律上升为自我的能力，将学习进行到底。最终，生活会给你一切你想要的。

学会成长，做独特的自己

所谓当局者迷旁观者清，很多时候，我们都很容易看到别人的问题，却看不清楚自己的问题。我们常常会羡慕别人的优点和成绩，却唯独忽略了自己的优势与长处。可以说，学会认识自我，认清自我，是我们成长过程中最难看明白、最难看透、看精准的一个问题。并且，更难的点还在于，这样的人生问题永远都没有标准答案。

回想自己曾经的经历，在大学以前，我一直是老师眼中的优等生，同学眼中的佼佼者。而当我以优异的成绩考入重点大学之后，大一一年的经历却将我所有的信心都击碎了。初入大学环境，在我的认知还停留在高中时代的时候，我连最基本的专业概念都不甚清楚。我不清楚上大学的过程以及目的到底是什么，甚至我以为，上了大学还是跟以前一样学习语数外、生物化，全然不知即将面对的是什么。就是在这样的无知与无脑中，我开始了自己的大学生涯。当第一次接触到“社团”“参加活动加学分”“进入学生会”这些未知项目的时候，我的表现可以说是非常糟糕的。当我想要从老师那边寻求帮助的时候，我发现大学中的老师概念也不再是传统义务教育中老师的概念，他们的施教范围与定位属性与以往都有着很大的不同。总而言之，初入大学环境的我，犹如一个刚刚孵化出的小鸟，离开了爸妈温暖的怀抱，来到一个陌生的森林，面对不熟悉的大树与鸟巢，独自面对着天空中的电闪雷鸣和暴风骤雨。当老师关注的目光不再属于我，当同学敬佩、羡慕的眼神渐渐远离我，当父母不能时刻出现在我的身边，我彻底陷入了迷茫。整整一年的时间，我都在摸索中一次次地失败，也在一次次失败之后更加的心灰意懒。然而，面对失败，每每想要放弃的时候，父母辛劳的身影就在我脑海中一遍遍地闪现，我一次次地告诉自己：你必须适应，必须学会融入，学会进步。

生活中的我们其实都会有过困扰于自身缺陷，迷茫于别人眼光的时刻。这样的时刻往往出现在对自我认知不够，对周遭环境的不理解。实则，生而为人，我们的很多事情都是第一次经历。面对完全陌生的环境，或许，我们会有着短暂的不适应、不能融入的过程，但是，只要你学着坚持，学会不放弃，最终一定都能够克服困难，获得人生的突破，而我们的人生也会在这一次次突破中获得不断的晋升与蜕化。

有一个小伙子，从朋友那边买来一只藏獒养在身边。这只藏獒体型很大，毛色亮丽，声音雄厚，一看就是一只名犬。因此，每每提起这只藏獒，小伙子的内心就很是得意。某一天，小伙子牵着藏獒出去遛弯，藏獒所到之处就引来欢声一片。小朋友们和众多美女们都被勇猛的藏獒吸引，纷纷前来围观。小伙子内心很高兴，不住地向众人夸耀：“我这只藏獒可是纯种的，奔跑起来如果没有个四五百斤的力量是根本拉不住它的。”就在小伙子沉浸在喜悦之中的时候，对面走过来一个老人牵着一只看似掉光毛的“老狗”。老人无意逗留，众人却被他手中掉光毛的“老狗”所吸引，纷纷跑去围观。眼看着众人都跑去围观“老狗”，小伙子的心中有些不悦。几次出言挑衅老头，奚落他手中牵着的“老狗”。老头并不予理会，想要牵着“老狗”离开。

这时，人群中有人煽动：“人家老头都不愿意搭理你，说不定他手中的这只狗更加厉害。”小伙子一听，更加不乐意了，心想：还有什么狗能够比我的纯种藏獒还要厉害。于是，小伙子不动声色地将藏獒牵到“老狗”的旁边，准备让藏獒与“老狗”比试比试。说来奇怪，藏獒怎么也不愿意靠近这只“老狗”，“老狗”只是发出了两声低吼，藏獒就慌张起身准备逃跑，带动着小伙左蹿右跳。围观的众人看到狼狈不堪的小伙，爆发出了哄笑声。小伙子急忙问向老头：“老师傅，你这是什么狗啊，为什么我的藏獒听到叫声就这么害怕呀。”只见老头微笑着回答道：“我也不知道他现在算什么狗，只知道以前它毛没有掉光的时候，我们都叫它狮子。”小伙子一听傻眼了，带着藏獒赶紧溜了。

人生也是这样，你本来就是狮子，不必言说，别人也能够通过你强大的气场感受到你的威力。人生路上，困难与挫折是我们每个人都会遇见的，极其普遍的事物。说到底，我们都是平凡的人类，我们有年轻的时候，也会有老去的时候；有成功荣耀的时候，也会有失意沮丧的时候。然而，不论在何种情况下，都请不要忘了我们自己的身份，认清自我，认识自我。在成功的时候保持低调，在失意的时候避免妄自菲薄。

真正有实力的人往往是平静且祥和的，就像故事中的老人与狗，不论遇到什么样的情况，始终都是淡定从容地存在着。我们的人生其实也是一样，生活在这喧闹浮华的世界中，我们每个人其实都有自我存在的价值和魅力。尽管我们可能并不出众，并不是某行某业中的领导人物，也不是所谓的人生赢家，但是，只要我们能够认清自我，坚持做出自己，活出自己的精彩，其实这就够了。世界之所以能够美丽，会丰富多彩，也就是在于我们每个人都在各司其职地成为优秀的自己。因此，不管遇到多么令自己动摇的艰难时刻，都请牢记：人生在世，从不是用来和别人做比较的，我们需要的只是活出最伟大的自己。如果你已经是一头狮子，无需任何人的证明，你就是狮子；如果你并不是一头狮子，不要强迫自己成为狮子，小狗羡慕狮子的勇猛，狮子也会羡慕小狗的灵活与温柔。

参考文献

[1] 汤木.将来的你，一定会感谢现在拼命的自己[M].南昌：江西教育出版社，2016.

[2]（美）乌尔里希·伯泽尔，有效学习[M].张海龙，译.北京：中信出版社，2018.

[3] 张伟玮.你要怎样努力，才能让梦想落地[M].北京：化学工业出版社，2017.

[4] 成甲.好好学习：个人知识管理精进指南[M].北京：中信出版社，2017.

[5] 牧之.欲望心理学[M].哈尔滨：黑龙江教育出版社，2017.